不畏将来，不念过去

青田◎编著

中国纺织出版社有限公司

内 容 提 要

有人说，人生就是一张单程车票，只能往前走，昨天的事情已经过去，未来还没有来到，我们唯有把握今天，活在当下，才能让每一天更充实和精彩。

本书是一本暖心读物，通过一篇篇富有哲理的文章，告诫人们应该将精力放到当下，帮助人们学习如何充实当下的每一天，让我们在纷繁复杂的尘世中找到心灵的寄托。希望广大读者有所启发，都能拥有这一智慧力量，进而积蓄实力，成就人生。

图书在版编目（CIP）数据

不畏将来，不念过去／青田编著．—北京：中国纺织出版社有限公司，2021.4

ISBN 978-7-5180-7845-5

Ⅰ.①不… Ⅱ．①青… Ⅲ．①人生哲学—通俗读物 Ⅳ．①B821-49

中国版本图书馆CIP数据核字（2020）第168831号

责任编辑：张　羽　　责任校对：寇晨晨　　责任印制：储志伟

中国纺织出版社有限公司出版发行

地址：北京市朝阳区百子湾东里A407号楼　邮政编码：100124

销售电话：010-67004422　传真：010-87155801

http://www.c-textilep.com

中国纺织出版社天猫旗舰店

官方微博http://weibo.com/2119887771

三河市宏盛印务有限公司印刷　各地新华书店经销

2021年4月第1版第1次印刷

开本：880×1230　1/32　印张：6

字数：108千字　定价：39.80元

凡购本书，如有缺页、倒页、脱页，由本社图书营销中心调换

前言

自古以来，人们都在探寻人生的意义，并且众说纷纭，但无论如何，我们都知道，生命的意义在于今天，过去的已经过去，未来的还未到来，无论是嗅嗅身旁绽放的花朵，享受诱人的美食，还是让自己过得更加的舒适，我们都只能从当下去寻找。即使过去有追悔，我们今天也无法改变，明天有悲伤，你今天也是无法解决的。不要将自己的时间和精力都浪费在未知的未来，对眼前的一切视若无睹的人，将永远也不会得到自我价值的实现。

犹太人的智慧之王所罗门王曾经做过一个梦：

梦境中，他隐隐约约听到有个智者告诉他一句话，这句话能治疗人们在各种情况下的种种疾病，但就在所罗门王醒来后，却不记得这句话是什么了。于是，接下来，他召集群臣，并且给了他们一只戒指，告诉他们，如果想出这句梦中的话，就把它刻在这枚戒指上。几天后，戒指被送还给所罗门王，上面刻着：“一切都会过去！”

是啊，无论过去发生了什么，一切都会过去的，新的一天也会来临，请你相信它！

人生如同一场游戏，没有一个定数，所以又何必处处计较？如果我们总是把眼光停在昨天，沉溺于过去，那么，我们只能无法自拔。或许你认为你根本无法忘记昨天，昨天对于你来说是很难翻过的门槛，但其实当事情过去以后，你会发现，这在你人生路上是多么不显眼的一件事情，根本无须惊怕，所以，你应该重新扬起自信的风帆，鼓起劲儿摇浆，向明天出发。

当然，对于昨天，我们需要放手的有太多，包括太多我们未曾释怀的点点滴滴。要学会放手，我们就要学会忘却，忘却昨天种种。

人不能改变过去，同样也不能控制将来，人能控制改变的只是此时此刻的心念、语言和行为。过去和未来的东西都虚无缥缈，只有当下此刻才是真实的。我们只有着眼于当下，才能创造出最美好的未来。只有把每一天过得实在且有意义，把每一天的学习、工作任务及时完成了，才能在每一天悄悄地成长，慢慢地长大。当你回过头来的时候，你会惊讶地发现，原来自己的每一天过得是这样的充实，你会为自己而感到骄傲和自豪。

也许现在，你需要一位心灵导师，它能引领我们摒弃对过去和将来无谓的恐惧、担忧和害怕，而本书就是这样一位导师。本书文字清新隽永，使人清醒，希望广大读者在阅读完本书后能找到心灵的归宿，重获新生。

编著者

2020年6月

第一章

我依然怀抱梦想，因为我知道未来会来

梦想有多大，舞台就有多大

梦想有多大，你的人生舞台就有多大。不管有多远，不管有多渺茫，人总是要有梦想的，因为没有梦想的人生是灰暗的、了无生趣的。心中有梦想，才会有一直往前走的决心与勇气。周围如狂风暴雨般的阻力，脚下崎岖险恶的路，在梦想面前，也就什么都不是了。总之一句话，梦想还是要有的，万一实现了呢？

20世纪初，有个年轻的美国人，他确立的人生目标是当美国总统。

1910年，他就当选为纽约的参议员；1913年，任海军部助理部长：1920年他出任了民主党副总统候选人。1921年他在39岁时突染重病，成了一个双腿不能活动的残疾人。但是他并没有因此放弃当总统的梦想。

他制订了一个旁人看来十分笨拙的身体康复计划——从练习爬行开始。为了激励自己的意志，每次练爬的时候他都把家人、佣人叫到大厅来看。他说：“我不需要掩盖自己的丑态。”他虽然用尽全力爬得汗如雨下，却还赶不上刚会走的小儿子。他的妻子后来回忆说：“见他这样就像有千把尖刀刺在我的心上，可是他从来不听劝阻，坚持到底。”将近七年的坚持苦练终于使他从爬到能够站立起来，虽然仅仅能够站立一小时。1928年他竞选纽约州州长成功，1933年3月4日就任了美国第32任总统，终于实现了他的梦想，并于1936年、1940年、1944年三次连任，成为了一位执政时间长达12年的伟大的美国总统。是他实行新政先将美国从经济的大萧条中解脱出来，之后又带领美国向法西斯宣战，取得了第二次世界大战的胜利。

1945年4月12日，63岁的他因突发脑溢血而去世于总统任期内。这位美国总统是谁呢？他就是富兰克林·罗斯福。目标使他的生命力出现了超乎寻常的奇迹，他的成功就是追求目标的胜利！

有句话相信大家都很熟悉，“梦想是要有的，万一实现了呢？”是啊，没有敢想敢做的魄力，梦想是永远实现不了的。只有树立远大理想，保持积极心态，这样才有可能成为一个能够实现自己梦想的人。

有一次，父亲带着年幼的李嘉诚到了汕头的海边。他一边指着港口来往如梭的巨轮，一边给李嘉诚讲生活的道理。但是，年幼的李嘉诚根本听不进去父亲所讲的生活道理，反而好奇地盯着那些停泊在码头的巨轮看，并产生了浓厚的兴趣。

在这个没有任何社会经验的男孩眼中，这么大的轮船居然可以稳稳当当地在海上航行，真是一件非常不可思议的事情。于是，他指着大船对父亲说：“爸爸，我将来也要做大船的船长！”

父亲高兴地对儿子说：“好儿子，有梦想是好事情！但你要知道，做一个船长非常不容易，他必须考虑很多问题，思考必须很全面。”

父亲把手放在李嘉诚的肩膀上，说：“你看，现在天气很好，船只在海中航行就比较安全。但是，如果出海后，风暴来了怎么办？当船长的人，就得提前想到这种情况，提早做好一切准备工作。其实，做任何事情都要像做船长一样，预先考虑周全，随时准备应付一切问题。”

听完父亲的话，李嘉诚点了点头，暗中树立了做船长的伟大梦想，并一直朝着这个梦想不断地努力。虽然他最终没有做成船长，但是，他喜欢把自己的人生比作一条船，喜欢把自己的李氏王国比作一条船，且一直以船长的意识去经营他的人生和公司。他曾经自豪地说：“我就是船长，我就是这条航行在波峰浪谷中的船的船长！”

朋友们，是否还记得我们小时候的那些梦想？有的人立志当科学家报效祖国，有的人想当医生救死扶伤，有的人想当老师教书育人，有的人想从政为人民服务……此刻不知大家是否实现了自己的梦想？梦想不是随口说说那么简单，正如李嘉诚父亲所言，“做任何事情都要像做船长一样，预先考虑周全，随时准备应付一切问题”，如果我们不用一颗真诚的心、奋进的心来正视自己的梦想，那么它是不会轻易地实现的。

坚持不懈地走下去，梦想才有可能实现

美国著名作家杜鲁门·卡波特说：“梦是心灵的思想，是我们的秘密真情。”梦想对于每个人来说，都有一种巨大的魔力，能够不断地召唤着我们前进。无论自己的梦想多么模糊，不管自己的梦想多么不可思议，我们都要听从心中梦想的召唤，紧紧跟随着它，坚持不懈地走下去，如此，梦想就会变成现实。因此，如果我们想要实现自己的梦想，那就要努力向前，奋起一搏。

伊丽莎白并不是哈佛毕业生中最出色的一位，也并不具有非凡的才能，人们对她的敬佩，不是因为她年纪老迈，而是因为她勇敢尝试，有始终坚持的毅力和决心。这一天，身穿毕业生礼服、头戴黑色学士帽的伊丽莎白·麦克尼尔从哈佛校长手中接过毕业证书，在获得文科学士学位的同时，她还被颁发了一个表彰其学术成就和品德的奖项。

伊丽莎白早在1941年就高中毕业了，之后，她陆续生了4个孩子。26年前，她成为哈佛大学健康服务部门的员工。哈佛的

学术氛围令她对学习产生了很大的兴趣，于是几年后，她开始尝试在哈佛“蹭课”。

但是在这之后的很多年里，她并没有正式注册当学生，因为她觉得自己没有能力完成哈佛的课程，一度产生放弃拿到哈佛学历的念头。

直到9年前，同事和同学的鼓励让伊丽莎白产生了争取学位的念头，那时她已经73岁了。对于一个普通的73岁的老人来说，安享晚年是最好的选择。而伊丽莎白却不甘心就此放弃自己的理想。她再次鼓起勇气，走入了哈佛的课堂。她给自己制订了“10年目标”，并经常向孩子们许诺，要在83岁之前从哈佛毕业。

如今满脸皱纹的伊丽莎白在哈佛工作了25年，学习了20年，攻读了9年学位，最终赶在自己的孙女之前获得了本科学历。

人生就是如此，只要你迈步，路就会在脚下延伸；只有启程，我们才会向心中的梦想靠近。无论你的梦想和目标是什么，最主要的是立即开始行动，朝着梦想的方向拼搏，努力向前，才能看到成功的希望。这一点被许多人所忽略，导致其结果都是以失败告终。

成功者告诉我们，实现梦想的最佳途径就是奋勇一搏。在梦想实现的过程中，并不是我们缺少能力，亦不是我们少了那份运气，而在于我们是否勇敢地拼搏，是否有决心去实现它。在距离梦想很远的地方，我们不应该停下来，也不应该选择放弃，而应坚定自己的梦想，哪怕试一试也好，这样即便不能成功，但我们总算是努力过。

再沉寂的时光，也不要磨灭自己的志向

许多人都知道蝴蝶的蜕变过程，先是虫卵，然后等春天来了，虫卵变成毛毛虫，这时它们需要大量觅食并躲避天敌的袭击，生长一段时间以后成熟了，就开始吐丝结茧，过一段时间之后才会变成“翩翩起舞”的蝴蝶。在万花丛中，我们看蝴蝶，那美丽的翅膀抖动着，那亮丽的花纹在阳光的照射下更是熠熠生辉。可是，我们在赞叹蝴蝶美丽的同时，是否想到了它蜕变背后的艰辛呢？它们在最痛苦的时候，依然没有忘记“蜕变”这个志向。

蝴蝶的蜕变是需要代价的，它所承受的代价是忍受痛苦：蜕变的苦痛、等待的焦躁、忐忑不安的心境。这些都是蝴蝶在蜕变之时所承受的苦痛。其实，人何尝不是一样呢？如果想要成功，必须经历一个煎熬的过程，就好像蝴蝶蜕变一样，刚开始可能你只是一个什么都不会的毛头小伙子，后来慢慢开始有

了想法，开始去尝试，尝试之后是失败，失败了再尝试，在忍受了无数次失败的痛苦之后，你才能迎来成功。然而，在这个过程中，你更需要忍受，坚持自己的志向。

华人导演李安执导的《理智与感情》被列入“影史伟大的100部英国电影”榜单。回望李安的成功，就好像一次生活的蜕变，这个过程中，他付出了巨大的代价。内敛害羞的李安曾说：“我天性竞争性不强，碰到竞赛，我会退缩，跟我自己竞争没问题，要跟别人竞争，我很不自在，我没那个好胜心，这也是命，由不得我。”这个信命的男人，却以自己强韧的耐心完成一次生命华丽的蜕变，从一个普通的男人蜕变成了名字响彻国际的大导演。

虽然，李安毕业时的作品《分界线》为他赢来了一些荣誉，但毕业之后，他没有找到一份与电影有关的工作，只得赋闲在家，靠妻子微薄的薪水度日。那段日子算是李安的蛰伏期，他为了缓解内心的愧疚，不仅每天在家里大量阅读、大量看片、埋头写剧本，而且还包揽了所有的家务，负责买菜、做饭、带孩子，将家里收拾得干干净净。他偶尔也会帮人家拍拍片子、看看器材、做点剪辑处理、剧务之类的杂事，甚至还有一次到纽约东村一栋很大的空屋子去帮人守夜看器材。在这段时间，他仔细研究了好莱坞电影的剧本结构和制作方式，试图将中国文化和美国文化有机地结合起来，创造一些全新的作品。

后来，李安回忆起这段煎熬的日子，依然十分痛苦：“我想我如果有日本男人的气节的话，早该切腹自杀了。”就这样，在拍摄第一部电影之前，他在家里当了6年的家庭主男，练就了一手好厨艺，就连丈母娘都夸奖：“你这么会烧菜，我来投资给你开馆子好不好？”蛰伏了一段时间之后，李安出山了，他开始执导自己的第一部电影《推手》。紧接着，他内心对电影艺术的狂热终于等到了机会发泄出来，一部接着一部，部部片子都是经典，都为其成功奠定了扎实的基础。

就这样，李安完成了一次生命华丽的蜕变。

一个对电影怀抱着理想和希望的男子，却甘愿在家里做了6年的“煮夫”，这需要何等的耐心呢？在那段煎熬的日子里，他不断蛰伏着，就好像蝴蝶在蜕变之前所经历的一切环节，忍受着寂寞与孤独，忍受着枯燥和痛苦，却始终没有忘记自己的志向，总算等来了那一天。终于，他成功了。虽然蜕变的代价是巨大的，但他已经忍受了过来，现在的他，只需要轻轻地努力就可以摘取成功的果实，生活对于他，也从来都是公平的。

帕格尼尼的人生是充满苦难的：在他4岁时，一场麻疹和强直性昏厥症，差点要了他的命；7岁时，他又患上了严重的肺炎，不得不进行放血治疗；46岁时，他的牙床突然长满脓疮，只好拔掉几乎所有的牙齿；牙病刚刚好，他又染上了可怕的眼疾，幼小的儿子成了他手中的拐杖；年过半百后，关节炎、肠胃炎等多种疾病又时刻吞噬着他的肌体；后来，他的声带也坏掉了，只能靠儿子按口型翻译他的思想；57岁时，他口吐鲜血而亡；死后，尸体也备受折磨，先后搬迁了8次！

但是，面对人生中的这么多苦难，帕格尼尼并没有沉沦，他不仅用独特的指法、弓法和充满魔力的旋律征服了整个世界，而且发展了指挥艺术，创作出《随想曲》《无穷动》《女妖舞》和6部小提琴协奏曲，以及许多闻名世界的吉他演奏曲，可以说他是一位善于用苦难的琴弦将天才演奏到极致的奇人。

听到了帕格尼尼的悲苦演绎，李斯特大喊："天啊，在这4根琴弦中包含着多少苦难、痛苦和受到残害的挣扎着的生灵啊！"在追求事业的过程中，忍耐是不可避免的，但我们每个人都有选择的权利，有的人选择抱怨，有的人选择自暴自弃，有的人选择隐忍、奋进。很多时候，我们已经忘记了还有一种东西——耐心，当我们保持顽强的耐心，再沉寂的时光也会使我们变得更坚定，成功也就是指日可待的事情了。

任何一次成功的背后，必定是百转千回的磨砺，甚至是一次痛苦的蜕变。所以说，成功是需要耐心的，而且需要更顽强的耐心，哪怕再沉寂的时光，也不要磨灭自己的志向。当沉寂的时光磨不去坚定的志向，它就会成为我们努力奋发的见证者。甘受寂寞和孤独，我们才能迎来成功的曙光。

选择正确的方向，人生才会充满希望和动力

一个对人生不抱希望、生活没有努力方向的人，永远只能待在自己那一米见方的世界里。就算你努力了，但是如果没有方向，最终也只能是徒劳。可见确定方向对一个人是多么的重要。只有选择正确的方向，人生才会充满希望和动力，你的努力才会起到立竿见影的效果。

有很多人，一辈子忙忙碌碌，不比别人清闲，却总是离成功很远，一个很重要的原因就是没有方向。人的精力是有限的，如果一直把自己有限的精力放在无关紧要的事情上，不只会浪费你的时间，还会在日积月累中慢慢消耗你的斗志。这样的人往往只会羡慕别人的成功，却无法看见自己失败的原因。

一年一度的森林大会正如火如荼地举办着，今天是大会的第三天，森林之王老虎把所有的小动物召集到自己的洞前，对它们说："各位大臣，我决定选一个助手协助我管理森林里的秩序，大家踊跃报名，我将选出最优秀的大臣担此重任。"

经过一番激烈的角逐，聪明的猴子、老实的山羊和勇猛的狮子进入最后一轮。最后一轮的任务是去森林的最北边找一种治疗伤口的草药。谁先回来，谁当选。

跑得最快的狮子听到任务后，很是不屑，认为自己跑得最快，只要一直往前跑，肯定能最快找到草药，于是率先出发

了。但是令它万万没想到的是，自己不仅没找到草药，反而越走越远，最后迷路了。

聪明的猴子也准备出发了，它先是爬上树枝向远方眺望了一会儿，然后找了个自认为是北面的方向，一会儿上树、一会儿奔跑，开心地跑远了。可是天都黑了，猴子也没找到草药，而且又累又渴，只好停下来休息。

最不被看好的山羊并没有像它们那样赶路，白天的时候走得很慢，而且每走一段路就会留下一个记号。到了晚上，山羊顺利找到北极星，沿着北极星的方向，天还没亮就找到了草药，然后沿着自己做的记号，第一个回到了小动物们身边，成功当上了老虎的助手。

其实在这场比赛里，山羊比狮子和猴子都跑得慢，是最不占优势的，却赢得了最后的胜利，它成功的主要秘诀就是它找准了方向，可见选对方向对成功很重要。

大多数人都喜欢着眼于眼前的利益，考虑问题时目光短浅，明知道努力的方向不对，却还是一根筋地往前冲，不只浪费了自己的时间和资源，还吃力不讨好，被成功拒之门外。成功的人之所以会成功，是因为他们都有一个共性，那就是有明确的目标和持之以恒的动力。他们无论做什么事情都是先明确目标之后再行动，所以做起事来有条有理、稳步向前。

不清楚自己的方向，而只是一味地向前冲，是不会有结果的。很多人占据着很好的资源，却在大好的年华因为没有方向而碌碌无为度过了一生，这是让人十分惋惜的事情。永远要记住，没有方向，努力就会被白费，方向比努力更重要。

只有明确自己的目标，奋斗的时候才会有动力，生活也会充满希望。方向既是努力的开始，也是一件事能否成功的保证。在做一件事之前，先确定方向，再朝着方向不断努力，做起事来也会事半功倍。

敢于破釜沉舟的人，才会置之死地而后生

我们可以说，在每一个人的心中，都心存梦想，都有自己向往的生活，但如果你畏首畏尾，只是幻想而不付诸实践的话，那么你只能在一片幻想的迷途中越陷越深。因为成功与胆量有着莫大的关系，有胆量的人才有资格拥有成功。那些在取得了一点成就后就安于现状、一心求稳的人，最终只能陷于平庸。有胆量、敢于破釜沉舟的人，才会置之死地而后生，实现新的突破，绝不认输，奋战到底。

事实上，“勇敢”是任何一个成功者都必不可少的品质。要取得成就有很多必要条件，其中有一条非常重要，那就是：勇气。然而，我们发现，现实生活中有这样一些人，他们刚开

始时都满怀理想，但在社会上打拼几年后，往往就会在时间的消磨下失去进取的锐气，无奈地满足于眼前的一切。

看那些成功者的历史，我们不难发现，他们即使到了山穷水尽的地步也没有失去勇气，他们会选择背水一战，尽管他们知道前面的路也十分艰险，但他们更知道，不冒险就无法取得任何成功，没有这一步，人生就是一潭死水，淹没的是一个人的挑战性和创造性。

哲人说，自己是最大的敌人，人有时最难突破的，就是自身的局限性。这就是为什么我们会发现那些处于困境中的人最终会比那些已经取得温饱的人更有作为。想迈开脚步大干一场，又不舍得抛开自己现有温饱的保障，如此瞻前顾后，必定无所作为。

日本著名的早川电机公司因为生产夏普电视机而闻名于世，而其董事长早川德次却是一个命运坎坷的人。还在小学二年级时，他的父亲就去世了，他不得不去一家首饰加工店去当童工。

早川是个坚强的人，在他很小的时候，他就告诉自己："即使我没有疼爱我的长辈，但我一定要努力生活，做出一番成绩来。"

童工生活是辛苦的，他在首饰店每天的工作除了烧饭和带孩子就是干一些体力活。时间过得很快，一晃四年过去了，有一次，小早川终于鼓起勇气向老板提出“老板，请您教我一些做首饰的手工好吗？”

老板一听，生气地对他说：“小孩子，你能干什么呢？你喜欢学的话，自己去学好了！”

早川一想，是啊，为什么要靠别人，自己去学吧，于是，从那以后，他开始留心店里的技术活，尤其是当老板找他帮忙时，他都尽量多看、多想，这样，他终于靠自己的努力学到了一些关于首饰的知识和技能。

功夫不负有心人，他成为了一个心灵手巧的人，他在18岁就发明了裤带用的金属夹子，22岁时发明了自动笔。在他有了发明之后，老板还资助他开了一家小工厂。

这种自动笔很受大众喜爱，风行一时。世界没有给他任何东西，但他却给世界很多。30岁时，他在赚到1000万日元以后，就把目标转向收音机界，设立平川电机公司。

早川德次为什么能够成功？因为他能够把梦想付诸实践。也许现在的你也有很多梦想，你可能希望自己能成为一个著名企业家、一名人民教师、一位歌唱家等，但无论如何，你要知道，理想不同于妄想和幻想，一定要有勇气，敢于追逐自己的梦想，要立即去做，这样你离你的梦想就不远了。

生活中，不少人渴望得到成功，渴望开创自己的事业，但每每考虑到会有失败的可能，他们就退缩了。因为他们怕被扣上愚昧的帽子，遭到别人取笑；他们不敢否认，因为害怕自己的判断失误；他们不敢向别人伸出援手，因为害怕一旦出了事情会被牵连；他们不敢暴露自己的感情，因为害怕自己被别人看穿；他们不敢爱，因为害怕要冒不被爱的风险；他们不敢尝试，因为要冒着失败的风险；他们不敢希望什么，因为他们怕失望……这种可能会遇到的风险，让那些不自信的年轻人们畏首畏尾，举步维艰，他们茫然四顾，不知道自己的出路在何方，殊不知，人生中最大的风险就是不冒险，畏首畏尾只会让自己的人生不断倒退。

我们每个人都要记住，在现代社会，没有超人的胆识，就没有超凡的成就。在这个时代，墨守成规，缺乏勇气的人，迟早会被时代所抛弃。处处求稳，时时都给自己留有退路，这是一种看似稳妥却充满潜在危机的生存方式。作为年轻人，你要想拥有自己想要的生活，就要勇敢地走心中向往的那条路，并且一直走下去。

心中有梦想，就能找到自己的方向

在刘易斯·卡罗尔的作品《爱丽丝漫游仙境》中，有这样一段描述猫和爱丽丝的对话，十分有趣：

爱丽丝问："请你指点我，我要走哪条路？"

猫问："那要看你想去哪里？"

爱丽丝回答："去哪儿无所谓。"

猫说："那么走哪条路也就无所谓了。"

这一对话寥寥数语，但却也耐人寻味。任何人，在心中无梦想、无目标的情况下，自己不知道该怎么走前面的路，别人也无法帮助你，当自己没有清晰的梦想时，也就没有努力的方向。

我们在生活中，也经常听到人们说，"思想有多远，就能走多远"，这句话虽然有点夸张，但却是道出了思想对行动的指导作用。同样，一个人能走多远，关键也取决于我们的思想，也就是说你是谁不重要，重要的是现在你正在为成为谁而努力，如果你心中有梦想，就能找到自己的方向，就能制定出明确的目标，并且只有为实现自己的目标而奋斗，才能成为你想成为的人。

下面一个简单的故事，蕴含了一个深刻的道理，它告诉我们——忠于梦想对于一个人的行动和未来是多么重要。

从前，在一个生意人的家里，有一匹马和一头驴子，它们俩是很好的朋友。马一般给家里驮东西，而驴子平时都在磨坊里面磨麦子。

这天，生意人要去异国做生意，需要马来驮东西，所以这匹马顺理成章被主人选中。

出发之前，马来看它的好朋友，顺便道别，道别之后马就走了，这一别就是十年。十年之后这匹马驮着满满的金银财宝回到了府里，回到它当年的好朋友驴子的磨坊里面，发现驴子还在。它们两个就一起诉说十年的分别之情。这匹马就跟这头驴子讲它这十年的所见所闻，它见了非常浩瀚的沙漠、一望无边的大海，去到一条木头都浮不起来的河叫黑水河，去到一个只有女人，没有男人的地方叫女儿国，去到一个鸡蛋放到石头里能够煮熟的地方叫火焰山……

马讲了很多很多。这头驴子听完流着口水说："你的经历可真丰富呀！我连想都不敢想！"

这匹马就接着讲："我走的这十年你是不是还在磨麦子呀？"

这头驴子说："是呀！"这匹马就问它每天磨多少个小时，这头驴子说8小时。

马说："我和主人当年，平均每天也走8小时，这十年我走的路程和你走的路程是差不多的。可是关键在于当年我们朝着一个非常遥远的目标行走，这个目标有多遥远，我们根本看不到边，可是我们方向明确，始终朝着目标迈进，最后金银满钵。"

我们在笑话驴子的同时，是否也应该反省一下自己呢？实际上，很多人就过着如同故事中的驴子般的生活，每天工作8

小时，每天都重复着同样的工作，每天的工作都是在原地转圈圈，毫无建设性的进展。就这样安于现状，十年、二十年之后，当周围的人已经步入成功的殿堂，他们还在原地打转。而有些人，没有甘于围着磨盘打转，他们有梦想有目标，并且认准目标就一直向前走，即使因为种种原因走了弯路，但是大方向是不变的，因为梦想在前方牵引着他们，他们知道，那才是他们的终点。

的确，梦想可以燃起一个人的所有激情，激发一个人的全部潜能，载他抵达辉煌的彼岸。我们每个人，都要在年少时就为自己树立一个梦想，而最重要的是，无论你拥有什么样的理想，都不要轻易舍弃它。只有坚持，只有奋力拼搏，最终你才能用自己的力量去创造自己的美好人生。

也许你现在还站在穷人的行列，被周围的人嘲笑，也许你承受了很多痛苦，但无论你遇到什么，如果你内心有目标，就绝不可轻言放弃。

第二章

我不惧怕回望，因为走过的路是人生最宝贵的财富

所有的苦难中，都藏匿着成长和发展的种子

经历过折磨的痛苦，才能体会到收获的喜悦。这句话可以通过下面一个小故事诠释出来。

一个男人，有了一份小小的事业，也面临着很多花花草草的诱惑。他决定同与他交往了七八年的女人分手。他开始寻找女人的缺点，个子高大，一点也不懂温柔，甚至脸上还有一颗碍眼的黑痣。打定了主意之后，他去车站接女人回来。时间一点一滴过去了，他没有接到女人，却听到了一个令人震惊的消息，她所在的那个山城，下了暴雪，导致一辆客车出了车祸。他顾不得危险，马上去了那个山城，找到了收容车祸伤者的医院。结果，他没有找到她，痛苦折磨着他的心，他不禁想起了她以前种种的好，总是默默地支持着他的工作，他有胃病，她让他一定要吃早餐，甚至为他学会了煮豆浆。“她为什么不是那个只擦伤了一点皮的女人，为什么不是那个断了腿的女人，甚至为什么不是那个成了植物人的女人？”如果她还活着，他一定好好对她，让她成为最美丽、最幸福的新娘。她甚至在电话中还暗示过他们的婚礼，自己却因为犹豫，没有正面回答她，他的心里充满了悔恨。

幸运的是，不久他接到了她的电话，原来因为暴风雪，她留在了一位同学家中，由于山里面信号不好，她没能及时打电话给他。巨大的重新获得的喜悦冲击着他的大脑，他握着话筒，泪如雨下，最后他们幸福地生活在了一起。

如果没有那场车祸，如果没有失去的折磨，这个男人永远不会知道自己有多喜欢自己的女友，永远不知道珍惜自己所拥有的幸福。

对于我们来说也一样，只有经历过折磨的痛苦，我们才更能体会到收获的喜悦，才更能珍惜自己的一切。生来富足，没有经历过磨难的人，即使获得了巨大的成功，也不会感觉到无比的喜悦。第一，他觉得一切都是理所应当、顺理成章的，顺境让他没有体会到成功必须付出的代价。第二，他没有付出比别人更大的努力。第三，没有磨难作为对比，没有体会到折磨的痛苦，自己没有心理落差，喜悦就没有那么巨大。

事实上，这样幸运的人实在是少见。人们通常都是经过一番折磨、一番痛苦才收获成功的。正所谓“不经一番寒彻骨，哪得梅花扑鼻香”。只有经历了生命中的冬天，经历了生活无情的磨砺，才知道成功的不易和获得的喜悦。

唐僧历经九九八十一难才取得真经。有人说，那只不过是神话。事实上，唐玄奘从中国陕西，徒步到印度去，经历的艰难险阻、困难折磨，只会比神话中多，而不会少。他要穿越危险的丛林，干旱的沙漠地带，古代的交通不发达，他绕了很多远路，历经了很多危险，才到达印度，把印度佛法带到中国来。与此相似的，还有著名的鉴真大师，他8次渡海，才到达日本，历经了海上的风浪危险，一双眼睛失明了。日本大昭寺中，受万人敬仰的鉴真大师，不是平白无故就得到世人敬重的。因为他历经磨难，把中国先进的佛法和建筑文化带到了日本，因为他是坚强意志和善良本性的化身。

事实上，我们要获得成功，历经的艰难绝不会比他们多。因为，社会越来越进步，我们的条件越来越优越，只要我们坚持奋斗，就更容易获得成功。但是我们也要看到，随着社会的进步，大家都在追逐成功，追求卓越。竞争也越来越激烈，商人要争取大生意，几年前就开始准备，打通人脉，收集情报，训练人员，事事争先。而为了争取更好的职位，职员们更是加倍努力修炼自己，比能力，比做事效率，人人争先。在这样的竞争中，我们要想出人头地，也不是随便就可以做到的。在这个过程中，谁更有远见卓识，更有智慧，谁更早行一步，谁在面对折磨时更加冷静清醒，更早站起来，谁就能比别人拥有更多优势，就能更快到达人生的巅峰。

人生中有很多苦难，但所有的苦难中，几乎都藏匿着成长和发展的种子。在欢喜状态时，人们通常不会自我反省，也没有上进心。相反，在苦恼和挫折的折磨中，我们反而会经常进行自我反省，不断进步，超越自己。因此，我们反而会在忧患中得到进步，得到成功的机会，这才是真正的幸福和欢乐的开始。没有磨难，就意味着没有进步。你没有进步，别人却在不断进步，你就会离成功越来越远。因此，磨难的痛苦，反而意味着获得的喜悦。我们要欢迎这种磨难，享受这种磨难，就像享受收获一样。

俗话说："饿了吃糖甜如蜜，饱了吃蜜蜜不甜。"有了痛苦折磨的对比，收获的喜悦才会更加明显，如果我们一直沉浸在喜悦之中，反而不能够体会成功带来的成就感、快乐感，我们的快乐就会打折。

人生总是先苦后甜，"宝剑锋从磨砺出，梅花香自苦寒来"。没有磨砺的痛苦，没有苦寒的折磨，甚至连自然界的一切都失去了它的魅力。明白了这个道理，我们就会更乐意体验折磨的痛苦，体会进步和收获带来的快乐。有苦有乐，才是人生；有失有得，才能成就大业。

找到属于你的人生拐点，才能走出人生的迷宫

30岁以前，年轻人总会有很多改变自己命运的机会，也许是一次不经意的交谈，也许是一次进修，也许是一次研究生考

试，也许是自己一个微不足道的想法，总之，有那么一个偶然，也许就导致命运的轨迹向着完全不同的方向延伸。很多人都管这些叫作命运，本人认为除了偶然的因素之外，人们根本的命运在于自己的努力。机遇会在每个人面前出现，然而只有勇气与眼光俱备，才华与能力都积累到一定程度的人才能够抓住它。

年轻人虽然处在事业的起点，但要积极地寻找人生的拐点。人生就像一座迷宫，找到属于你的那个拐点，你才可能走出迷茫，到达生命中的成熟境界。

很多时候，人们总是在众多的拐点处迷失自己，以为前面有一条笔直的大道等着自己，实际上这条路没有多长，还是个死胡同。不过要相信自己以前走过的那些并不是冤枉路，如果你没有试验过那些路能不能走通，怎么知道哪一条才是属于自己的路呢？人生最可悲的是在重复的道路之间绕来绕去，以为自己走过了很长的路，其实不过是在原地绕圈子。

大多数年轻人，都在人生的迷宫中兜兜转转，到生命的终点都没有弄明白自己到底迷失在了哪里，自己到底错过了什么。寻找自己人生的拐点，并不是一件简单的事，它需要足够的勇气和经验，需要高明的眼光和果断的判断力，需要果断地拒绝一些不适合自己的诱惑。当人们选择了一些东西的时候，就拒绝了一些看起来同样美好的东西，也许会因此而惋惜，但不用后悔。

哪些才是适合我们命运的拐点？机会时时处处都会出现，但显然有一些并不属于我们。就像在迷宫里，处处都会出现拐点，可那些并不都通向出口。当我们和众人挤破了头，抢到了一个机会时候，也许会突然发现，那不是命运的拐点，也许只是一个陷阱。

记得一个朋友毕业以后，和三个同龄人一起进入一家日企，可是注定要淘汰两个竞争对手，于是平时懒散的他破天荒努力起来，最终他胜出了，可就在同时，他陷入了两难境地：一是他的性格与企业文化格格不入，他总是要非常谨慎，高度紧张，才能不犯错误，因此几乎每天的工作时间都变成了一种灾难；二是这份好不容易争取来的工作，其实对于他就像块鸡肋，待遇还可以，但发展前景并不好。退出吧，觉得是自己好不容易才争取来的；继续吧，实在没有多大价值。

很多时候，年轻人常常因为一时的冲动，或者因为有竞争，才觉得某个位置无限美好，事实上仔细观察清楚后，发现它并不是那么诱人。有一个小故事：一位老农把喂牛的草料铲到一间小茅屋的屋檐上，看到的人不免感到奇怪，于是就问他“为什么不把草放在地上让牛吃？”老农说：“这种草草质不好，我要是放在地上牛就不屑一顾；但是我放到让它勉强能够得着的屋檐上，它就会努力去吃，直到把全部草料吃个精光。”不可否认，很多时候，我们就像那些牛，总觉得自己努力争取到的才是最好的，结果它可能是最差劲的。

很多时候，面对外界那么多的诱惑，要学会分辨，哪些才是适合自己的人生机遇，哪些不过是伪装出来的陷阱。要知道，在这个宣传大于一切的社会，任何表面风光无限的东西，都可能是炒出来的，其原料也许是一堆垃圾。

年轻人处在事业的起点，连做梦都会想一个好机遇突然降临在自己身边，但是当你突然遇到这样的机会的时候，希望你睁大眼睛，看清楚那是一个肥差还是一块肋骨，不要盲目地争取。但是，当遇到真正适合你的人生的机遇的时候，也希望你果断地抓住它。抓住机遇其实很简单，当你的努力到了一定程度的时候，自然就有适合你的机会降临在你身边，在这之前，你只要具备足够的能力就好了。当然，展示自己的能力，让关键人看到你的才华也是积极创造机遇的方式之一，但我希望年轻人不要忘记，你最重要的任务，其实最先是做好自己应该做的事。

其实很多事例都会告诉人们抓住机遇，但很多人都会忘了在这同时躲避诱惑和陷阱。很多年轻人都在观察四周，东张西望中错过了适合自己的机会，如果一个人整天忙着捕捉机遇的话，常常会忘了自己的正事。所以我同时希望你不要逢弯就拐，找到真正属于自己的命运的拐点，再去做转弯的尝试，最终才能让自己的命运走上一条上升的道路。

“有爱心地活到日落西山，这就是生命的真谛。”生命的真谛就在于把每一天都当作新的一天来度过，这样你才会把自己所有的时间和热情都放在今天，让你的生命焕发出无限的魅力。

薛尔德太太住在密歇根州沙支那城，她以前是靠推销《世界百科全书》之类的书籍生活，后来因为有了自己的家庭便辞去了工作，那时候日子虽然不富足但是也过得很安乐。然而很快，她安逸的生活就陷入了困境。在1937年，她的丈夫死了，她自己几乎身无分文，这令她非常恐慌。那段时间，她的精神极度颓废、崩溃，甚至差点自杀。后来，她给以前的老板奥罗区先生写信，请求他能让她做回以前的工作。于是，她四处借钱分期付款购买了一辆旧车，又重新开始以推销那些书籍为生。

薛尔德太太希望能够通过繁忙的工作来抵消自己的颓废和不安，可是她很快发现不行。毕竟她的丈夫已经不在了，只有她一个人驾车，一个人做饭吃，一个人生活，这所有的一切都令她无法承受。

而她的工作也带给自己一些困扰，有些地方根本就卖不出去书，所以她的业绩不太好，虽然她买车的钱不是很多，但是对于她来说还是很难凑齐。她整天觉得心情很沮丧，对生活也没有什么希望，甚至绝望得差点自杀。

有一天，她读到了一篇文章，正是那篇文章中的一句话让她活了下来：“对一个聪明人来说，每天都是一个新人生。”这句话令她精神振奋，于是，她把这句话打印出来，贴在汽车前面的挡风玻璃上，为的就是自己开车的时候能随时看见它。薛尔德太太发现每次只活一天一点都不难。就这样，她摆脱了孤寂和恐慌，她变得很快乐，工作业绩也上去了。

薛尔德太太正是把每一天都看作新生的，所以能够在每一天里忘记过去，不想将来，只是关注着正在活着的这一天。所以她能够很快摆脱自己过去的恐慌心情，变得十分快乐，这样自己工作起来也很有精神。不管昨天有多么糟糕，但是毕竟已经度过了昨天，新的一天就应该忘记充满痛苦的昨天，带着新的心情开始新的一天。你会发现，每次只活一天是多么容易的事情。

人最可悲的就是，无视窗口的玫瑰在悄悄绽放，而去梦想着天边奇幻的玫瑰园。如果你总是怀着悲伤的、孤寂的心情去度过一天，那么你就会什么事情都做不好，内心的恐慌反而会变本加厉地折磨你，你会日渐消沉，陷入人生的黑暗。无论你在生活中遇到了什么，都不要害怕，因为你每次只需要活一天。

与其哭着躲避，不如笑着面对

如果我们惧怕人生中的磨难，不敢面对现实，那我们的人生中就只剩下“逃避”了。鲁迅先生曾说：“真正的勇士，敢于直面惨淡的人生。”我们也要学会面对现实，生活中不乏磨难和陷阱，这个世界也不是十全十美的，也有它黑暗的一面，我们要敢于承认这样的现实，更要对这个世界充满希望。这样，我们才能更客观、更冷静地对待折磨。我们才能有尊严，不哭泣，才能在跌倒中迅速爬起，寻找世界上的光明，寻找我们人生的意义。

面对磨难，逃避没有任何意义，也没有任何结果。磨难是一个软弱的“行刑者”，如果你哭泣着躲避，它反而更加折磨你，它喜欢看“犯人们”的哭泣、求饶、哀号、投降。但如果你咬紧牙关，无畏地迎上去，它反而会被你的无畏镇住。也许它会选择放过你，也许你会继续受到鞭打，不过这种鞭打迟早会结束，你会在这种鞭打中赢得尊严，赢得敬佩，赢得钢筋铁骨。

生活常常强加给我们不如意的事，与其哭着躲避，不如笑着面对。“生活中，不如意事常有八九”，那如意事就只剩下一二，我们要常想“一二”，才能够苦中作乐；我们要笑面“八九”，才可能把生活这杯酒吞下去。生活就是一杯酒，苦、辣是它的主味，只有在慢慢回味中才有一丝丝甜头，但只要你一饮而下，腹中就会升起一股暖意，帮你抵挡外界的风寒。

古时候，有很多避世的文人，他们不满强权，隐于山林，避得有智慧，有风度，值得崇拜，却很难效仿。“阮籍猖狂，哭穷途于末路。”是说阮籍常常驾车远行，一直走下去，直到没有路可走了，就会坐在路的尽头，大哭一场，以表示对世情的愤慨。他的好友嵇康，因为不满司马氏专权，退隐山林，以打铁为生，司隶校尉钟会想结交嵇康，衣轻乘肥，率众而往。嵇康与向秀在树阴下锻铁，对钟会不予理睬。等候很久也没有回音后，钟会准备离开。嵇康开口问：“何所闻而来，何所见而去？”钟会回答：“闻所闻而来，见所见而去。”嵇康对权贵的不屑，为他赢得了很大的声名。还有鼎鼎大名的五柳先生陶渊明，不肯为五斗米折腰，于是辞官归故里，写出了《桃花源记》这样的出世名作，为历代文人所向往。他们的避世，是一种对现实官场的不满，因此积极逃避，这样的逃避，是对官场的厌倦，却不是对世情的逃避。他们热爱生活，热爱普通的民众，只是不满统治者的黑暗。因此，嵇康有“广陵散”传世，陶渊明有“采菊东篱下，悠然见南山”的名句。这样的热爱生活，不喜强权，不屑强权也不畏强权就是生存的大智慧，与那些消极逃避是有天壤之别的。

对于平凡的我们来说，不喜欢职场，回家种地去；不喜欢商场，打工为生去；不喜欢官场，隐居山林去就是一个笑话。我们没有那样的环境，更没有那样的资本，时时想着隐退，就是一种幼稚的想法。每个人都有不喜欢的人、不喜欢的事、不喜欢承受的世情，但我们只有积极地面对他们，才能成就大写的人生。

人人都会因世情受心灵的煎熬，都会在不同的时期遭到不同的打击折磨。不同的是勇敢的人用笑容去面对，事情不一定解决但也不会更坏；软弱的人用哭泣来面对，但哭泣不能解决任何问题，事情也不会变好；懦弱的人，用厌世来逃避，不但不能解决问题，还会得到更糟的结果。

面对折磨，我们可以笑，那我们是生活中的勇士；我们也可以哭，挣扎，那我们就是生活中的弱者。但我们不能选择逃避，因为那样就是生活中的懦夫。面对生活中的磨难，我们都会郁闷，都会痛苦，能够笑着面对的勇士毕竟不多。我们都是平凡人，我们有哭的权利。但我们没有逃避的必要，面对痛苦，我们都有逃避的本能，也都有承受的能力。生命中，没有不可承受的折磨。俗话说："没有受不了的罪，却有享不了的福。"我们不要轻易向痛苦投降，因为我们的生命可以承受的比我们能够想象的还要多。我们也不要恐惧，因为恐惧不会给我们带来任何益处。面对生活中的痛苦折磨，我们要尽量无惧无畏，坦然面对，这样我们的心灵才会更强大，战胜自我，我们才能成为真正的勇士和智者。

逃避现实是没有用的，无论你怎样逃避，现实都不可能改变，它会随时随地纠缠你。“抽刀断水水更流，借酒消愁愁更愁”，正像我们无法把水流截断一样，我们同样无法把生活中的折磨痛苦消灭掉，唯一的办法就是去面对它，解决它。无论你今天是下岗了、失业了，还是工作中遭到了排挤、打压，商战中输给了对手，还是生活中、爱情中遭遇了挫折，你的内心都会遭受折磨、煎熬。惧怕这种煎熬，借酒消愁、麻痹自我、逃避现实是于事无补的。我们要做的就是让自己从自我麻痹中迅速清醒过来，让这种锥心之痛来锻造我们，让我们战胜自我，提升自我，学会更多的处世技巧，重新追求光明的生活。

面对生活中的磨难，我们不妨像高尔基诗篇中的海燕一样，高喊一声：“让暴风雨来得更猛烈些吧！”这才是真正的勇者。

只有重新振作起来，才有机会修正自己的错误

面对折磨，我们只有站起来，才有机会修正自己所犯的错误，减轻内疚、悔愧，才能够从折磨中解脱出来。

不管造成麻烦、痛苦的原因是什么，我们总能够在自己身上

发现一些事实的或想象出来的错误。这些错误使得我们内疚、悲哀，陷入绝望。我们也许都曾被内疚和忧患击倒过，我们有种种逃避折磨的办法：借酒消愁，操起毫无意义的嗜好或者没精打采地转悠，消磨时光，任自己沉浸在痛苦中无法自拔。只有重新振作起来，我们才能够摆脱痛苦和折磨，修正自己犯过的错误，如果我们无法修正，就要尽量弥补错误带来的后果。那么，怎样开始我们的第一步，从而一步步摆脱折磨呢？

其一，结束毫无意义的逃避，反省自己的错误。

逃避，是我们麻痹自己的一种方式，在这样的麻痹状态中，我们会失去自我，变得迷迷糊糊，浑浑噩噩。只有结束这种麻痹状态，我们才能够变得清醒，只有直接面对那种锥心的痛苦，我们才会振作起来。痛，会刺激得让我们跳起来，也会让我们更清醒地认识到自己的错误。只有清醒着，我们才能重新站起来，开始新的生活。

其二，摆脱痛苦，结束折磨。

要想驱赶痛苦，并不是很容易的事，但只要我们挥剑斩断自己的烦恼痛苦，就能够无牵无挂地继续上路。怎样摆脱痛苦呢？有下面几种方法：

第一，学会向别人倾诉，宣泄自己委屈、内疚的情绪。

向人倾诉是从痛苦中解脱的好办法，通常我们陷入悲伤之时，找一个知心好友，倾诉自己的心事，要比在孤独中自己舔舐伤口更容易摆脱哀伤。聊天可以让我们快乐，向一个可以推心置腹的朋友倾诉痛苦，可以让我们有松一口气的感觉。

李某是一个喜欢独自承担痛苦的人，他信奉的原则是，如果你不高兴，请不要把这种情绪传染给别人。但是，生活中他并不快乐，朋友们也不是很喜欢他。一次，他遭受了巨大的打击，很长时间无法从痛苦中解脱出来。于是，一位朋友建议他去看心理医生，他拒绝了，因为他不喜欢把自己的隐私透漏给陌生的人。于是那位好友说："如果你相信我，向我诉诉苦吧。"李某一边喝酒一边向朋友尽情地发泄悲痛，尽管朋友一句劝慰他的话也没说，但他感到自己好像放下了一个大包袱，轻松了很多。这样的倾诉，并没有给朋友带来任何烦恼，相反，他们的关系更融洽，更友好、亲密了。

印度诗人泰戈尔曾说："与朋友分享痛苦，痛苦就变成了半个；和朋友分享快乐，快乐就变成了两个。"倾诉痛苦不但让我们宣泄了负面情绪，而且能够让我们与朋友间的关系更亲密。所有人都喜欢坦诚的朋友，倾诉痛苦，正是一种坦诚的表现，是重视别人的表现。如果你已经不能承受麻烦所带来的折磨，那么向朋友倾诉吧，那将是你摆脱痛苦的开始。

第二，到唤起记忆的地方去，倾听新生和重新生活的声音。

如果你陷于极度迷茫的困境中，回到你曾经生活的地方，就能够得到意想不到的欢乐和力量。很多人在遇挫时，都喜欢故地重游。比如，自己高考失利了，如果能回到当初学习的教室，就能回忆起很多求学时美好的情景，就会重新燃起斗志，为重读备战。也就摆脱了痛苦，站了起来。

第三，回到众人中间去。

如果害怕别人的嘲笑甚至同情刺伤我们的自尊，我们的确需要孤独。但我们也要适时地放弃孤军作战，回到众人中间去。在众人中间才能感受到真实世界的美好热情；从别人的鼓励中，我们能够收获力量；在热爱生活的、乐观的人们中间，我们会收获快乐的力量，恢复重新生活的勇气。重新生活的路最终要通过我们与别人的亲密关系和共同努力才能获得，回到众人中间去，是唯一一条和他人建立共同努力关系的道路。

如果你能做到这些，就能够很快摆脱痛苦，结束折磨。折磨结束之后，我们要开始新的生活，那从什么地方开始自己的第一步呢？

第一，从原谅自己和别人开始。

原谅自己的错误，因为用自己的失误来惩罚自己是不明智的。不要责备别人对你做的事，别人对你的伤害，如果是你应得的，你就要从中学到一些东西；如果是委屈的，就要忘掉它。宽容自己并原谅他人，是我们重生的第一步。

第二，从修正自己的错误，弥补自己的过失开始。

如果我们能迅速修正自己的错误，就会减轻自己后悔的心理。如果错误是不可改正的，或者它已经造成了很严重的后果，我们就要试着从其他方面弥补自己的过失，减轻愧疚之情。一位经理，因为自己的过失给公司造成了很大的损失。虽然没有人埋怨他，但他依然陷入了痛苦情绪，直到他为公司作出了另一项贡献，才止住自己的愧疚之情。改正自己犯下的错误，弥补自己的过失可以减轻我们的心理负担，得到安慰，得到重新生活的勇气。

第三，从最简单的事做起。

因为我们刚刚遭到了巨大的痛苦，困难的事会影响我们重生的热情，让我们更加惧怕站起来。

为了唤起这种热情，我们要从最简单的事做起，才能一步步坚定自己的信念，重新站起来，走出去。有一个人突然失明了，于是他陷入了绝望，直到他遇见另一个失明的人。那个人对他说道：“哦，你可以从自己洗袜子开始。”简单的事，可以增加我们的勇气，有了开始的几步，你会在重生的路上走得更稳，更远。

有开始，才有机会修正错误，弥补过失，从现在开始，就试着摆脱痛苦，重新开始生活吧。这会让我们获得弥补自己过失的机会，如果我们没勇气站起来，就会一直沉浸在犯错的内疚中。让我们勇敢地摆脱困境，重新来到生活的正常轨道上吧。

我们真正拥有的，只有今天

现实生活中，无数人对过去耿耿于怀，对未来提心吊胆，也因此荒废了现在。殊不知，古今中外，无数明智的人都提出人应该活在当下。当然，我们要以历史为镜反省自身，也要憧憬未来看到希望，然而最重要的还是要把握好今天。因为，我们真正拥有的，只有今天。

除此之外，我们还应该让今天变得独立，既不要因为昨天，也不要因为明天，错过今天的一切。每个人的人生都是由无数个今天组成的，今天变成昨天，成为我们无法更改的历史；明天也渐渐到来，成为我们唯一可以掌握和控制的今天。在这种情况下，聪明的人一定会好好把握生命中的每一个今天，充实自己的人生。

作为“现代医学之父”，威廉·奥斯勒正是因为在1891年看到的那句话，才成为现代医学的鼻祖，才能创建举世闻名的约翰·霍普金斯医学院。他的一生都奉献给了医学事业，获得了无数无人能及的荣耀。在他去世之后，需要足足1466页厚厚的两大本卷宗，才能陈述他的生平和实际。没有人知道，当他在1891年捧起书本读到影响他做医生的那句话前——关键在于不要盯着模糊的远方看，而要先把手边清楚的事情做好——他是非常迷惘无知的，也觉得前路一片茫然。

在看到这句话之后，威廉·奥斯勒觉得心中豁然开朗，后来他之所以能够度过毫无忧虑的一生，也正是因为始终有这句话的指引。直到42年后，威廉·奥斯勒在遍地都是郁金香的耶鲁大学，对学生们发表了演讲。在演讲上，他奉劝学生们要像船上的隔舱一样，把今天从昨天和明天之中彻底隔离开来。他说："你们只有把今天完全隔离开来，才会真正意识到你们只有今天，你们的未来也完全在于今天。人们，只能救赎当下的自己，一个为未来担忧的人，只会白白地浪费时间和精力。"在演讲即将结束时，他再次呼吁同学们要活在"完全独立的今天"。

的确，无论明天是美好还是悲惨，明天都终究会变成今天。我们与其提前为了明天担忧，导致错失今天，不如在明天真正到来的时候，等到明天真的变成今天，我们再活好今天。在无数个昨天和明天之中，今天起到承上启下的作用，昨天在之前也是今天，明天在未来也是今天，可以说，整个人生就是由今天组成的。当然，需要注意的是，威廉·奥斯勒并非让我们放弃对明天的规划。在一生之中，规划还是很有必要的，但是我们规划明天的方式，依然是充实高效地度过今天。唯有把握住今天，我们才能把握住明天，也才能真正把控人生。

需要注意的是，无论你以怎样的状态迎接明天，明天都会到来。我们每个人都应该避免为明天忧虑，而要更加集中时间和精力过好今天。你的焦虑无法改变你在明天的命运，唯有过好今天，才有可能从容应对即将到来的明天。曾经有科学家经过研究发现，有一种沙鼠生活在撒哈拉沙漠中。这种沙鼠很喜欢吃草根，每当旱季即将来临，它们都会囤积很多草根，以备不时之需。即便它们囤积的草根已经足够它们度过干旱的季节，它们也还是一刻不停地寻找和搬运。否则，它们就无法获得安宁。后来，有很多医学研究者想用沙鼠代替小白鼠进行医学实验。然而，沙鼠在离开沙漠之后很快就死亡了。起初，医学家以为它们不适应笼子里的生活，后来才发现它们是因为笼子里没有草根囤积，所以才焦虑而死。不得不说，沙鼠死于心理威胁。它们实在太焦虑了，只要一刻钟没有草根囤积，就会感到难以忍受。其实，现代人和沙鼠又有何区别呢？尤其是那些焦虑不安的人，他们的威胁并非来自今天，而是来自遥远的未来。朋友们，为了延长自己的寿命，不至于像沙鼠一样焦虑而死，我们一定要放宽心胸！尽管今朝有酒今朝醉的生活态度也很消极，但是却比因为尚未发生的一切焦虑而死好得多。当然，最好是安排好生活的节奏，适度焦虑，这样才能让自己的人生风生水起。

第三章

我了解自己，我知道自己想要怎样的人生

除了你自己，没有人能看轻和贬低你

人活于世，每个人都有自己的价值，都是独一无二的，切不可因为在某方面逊色于别人就失去自我。

我曾听过这样一个故事:

有一天，国王心血来潮，到花园里散步。当他看到花园里面的景象时，不禁吃了一惊！过去绿意盎然、花团簇锦的花园，竟然变得无比荒凉。于是，国王疑惑地询问园丁，究竟发生了什么事，花园怎么会变成这样。

园丁说:“我尊敬的国王啊！这是因为橡树认为它比不过松树的高大，所以死了；松树因为比不过葡萄秧能结果子，所以也死了；而葡萄秧因为不能像橡树一样直立，因此也死了；至于其他的植物花卉，也都是因为各有比较而死去了。最终，花园因此而渐渐荒凉了。”

忽然间，国王发现花园里的草仍然生机蓬勃，不免又好奇地问园丁:“为何其他的植物都枯死了，只有这一片草地仍然绿意盎然呢？”

园丁微笑着说道:“这是因为小草们并不想成为松树、橡树、葡萄秧或者其他植物，它们知道自己的价值是什么，所以也只想做它们自己而已。因为这样的想法，所以，它们自然就生机蓬勃、绿意盎然！”

每个人都想做高大的树木，都想攀升到高处，感受一览众山小的感觉。但生活的现实，却总会让你处于一个劣势地位，跟别人相比，把自己的日子过得捉襟见肘。于是就有许多人觉得自己一无是处、毫无建树，一生都会如此庸庸碌碌。

殊不知，每个人都具有世界上独一无二的价值，没有任何人、事、物能够取代我们，也没有任何人、事、物能够贬低我们，除非我们自己看轻自己、自己贬损自己。

人活着就应该善待自己，在低潮时给予自己鼓励。在人生的旅程中，我们无法避免诸多的挫折，但是不管那些无情的打击如何使我们痛苦、受伤、难堪，我们都不应该忘记自身的价值，更不应该妄自菲薄。

有一个弟子跑去请教一位很有智慧的师父，他跟在师父的身边，天天问同样的问题：“师父啊，什么是人生真正的价值？”问得师父烦透了。

有一天，师父从房间拿出一块石头，对他说：“你把这块石头，拿到市场去卖，但不要真的卖掉，只要有人出价就好了，看看市场的人，出多少钱买这块石头？”弟子就带着石头到市场，有的人说这块石头很大，很好看，就出价两元钱；有人说这块石头，可以做秤砣，出价10元钱。结果大家七嘴八舌，最高也只出到10元钱。弟子很开心地回去，告诉师父："这块没用的石头，还可以卖到10元钱，真该把它卖了。"

师父说："先不要卖，再把它拿去黄金市场卖卖看，也不要真的卖掉。"弟子就把这块石头拿去黄金市场卖，一开始就有人出价1000元钱，第二个人出价1万元钱，最后出到10万元钱。

弟子兴冲冲地跑回去，向师父报告这不可思议的结果。

师父对他说："把石头拿去最贵、最高级的珠宝商场去估价。"

弟子就去了。第一个人开价就是10万元钱，但他不卖，于是20万元钱，30万元钱，一直加到后来对方生气了，要他自己出价。他对买家说，师父不许他卖，就把石头带了回去，对师父说："这块石头居然被出价到数十万元钱。"

师父说："是呀！我现在不能告诉你人生的价值，因为你一直在用市场的眼光看待你的人生。人生的价值，应该是一个人心中先有了最好的珠宝商的眼光，才可以看到真正的人生价值。"

每个人都有属于自己的独特价值，善待自己的人，懂得自身价值的大小，绝不在于别人的评价，而是在于我们给自己的定价。

坚持自己崇高的价值，接纳自己，磨砺自己。给自己成长的空间，每个人都能成为"无价之宝"。

黏土在天才的手中变成了堡垒，柏树在天才的手中变成了殿堂，羊毛在天才的手中变成了袈裟。如果黏土、柏树、羊毛经过人的创造，可以成百上千倍地提高自身的价值，那么你为什么不能使自己身价百倍呢?

哲人说，我们的命运如同一颗麦粒，有着三种不同的道路。麦粒可能被装进麻袋，堆在货架上，等着喂给家畜；也可能被磨成面粉，做成面包；还可能播种在土壤里，尽情生长，直到金黄色的麦穗上结出很多颗麦粒。人和一颗麦粒唯一的不同在于：麦粒无法选择是变得腐烂还是被做成面包，或是被种植生长。而我们有选择的自由，有行动的自由，更有心的自由。我们不该让生命腐烂，也不会让它在失败、绝望的岩石下磨碎，任人摆布。

善待自己的人知道，每个人都是一座宝藏，重视自己的价值，并不断开发和提升它，平庸的人生就不会属于自己。

不断完善自己，让自己不可替代

在生活和工作中要不断完善自己，使自己变得不可替代。让别人离了你就无法正常运转，这样你的地位就会大大提高。

大部分年轻人，在初入职场时都干着微不足道的工作，当着一个小小的螺丝钉，为整个大机器的运转保驾护航。对于一个庞大的运行体系来说，每一个螺丝钉具有不同的价值。倘若你被安排在了枢纽环节，你的失误或松懈也许就会造成“千里之堤，溃于蚁穴”的遗憾和悲剧。反之，也只有处于那个位置，才能逐步活出自己的意义，不会在被别人蔑视的目光里苟且一生。

每个人在少年时代，都有很多理想，要成为指挥千军万马的伟人，要成为驾驶宇宙飞船上天的科学家，很少有人一开始就想到自己要做平凡的工作，要投入平凡的人生。等他们真正进入社会之后，就会明白生活中的琐碎远比激情要多，大多数人还是要伏下身子做事的。

耐不住性子的年轻人，在浮躁心态的作用下、在跳槽心理的作用下，难免会出现“松动”，这是最为可怕的。既要干这份工作，又不专心致志，岂不是白白浪费自己的时间？抬头观察周围的人，同样是一颗“螺丝钉”，但发挥的光和热是不一样的。

能够在平凡的岗位上经受别人不能经受的历练，展现自身强大的价值，你才能逐渐让自己变得不可替代，这样的你，才能拥有更上一步，不断高升的资质。

在很久以前，某个地方建起了一座规模宏大的寺庙。竣工之后，寺庙附近的善男信女们就每天祈求佛祖给他们送来一个最好的雕刻师，好雕刻一尊佛像让大家供奉，于是如来佛就派来了一个擅长雕刻的罗汉幻化成一个雕刻师来到人间。雕刻师在两块已经备好的石料中选了一块质地上乘的石头，开始了工作。

可是，没想到他刚拿起凿子凿了几下，这块石头就喊起痛来。雕刻的罗汉就劝它说："不经过细细雕琢，你将永远都是一块不起眼的石头，还是忍一忍吧。"

可是，等到他的凿子一落到石头身上，那块石头依然哀嚎不已："痛死我了，痛死我了。求求你，饶了我吧！"雕刻师实在忍受不了这块石头的叫嚷，只好停止了工作。于是，罗汉就只好选了另一块质地远不如它的粗糙石头雕琢。虽然这块石头的质地较差，但它因为自己能被雕刻师选中，内心感激不已，同时也对自己将被雕成一尊精美的雕像深信不疑。所以，任凭雕刻师的刀琢斧敲，它都以坚忍的毅力默默地承受着。

雕刻师则因为知道这块石头的质地差一些，所以为了展示自己的艺术，他工作得更加卖力，雕琢得更加精细。

不久，一尊肃穆庄严、气魄宏大的佛像赫然立在人们的面前，大家惊叹之余，就把它安放到了神坛上。

这座庙宇的香火非常鼎盛，日夜香烟缭绕，天天人流不息。为了方便日益增加的香客行走，那块怕痛的石头被人们弄去填坑筑路了。由于当初承受不了雕琢之苦，现在只得忍受人来车往、车碾脚踩的痛苦。看到那尊雕刻好的佛像安享人们的顶礼膜拜，内心里总觉得不是滋味。

有一次，它愤愤不平地对正路过此处的佛祖说:“佛祖啊，这太不公平了！您看那块石头的质地比我差得多，如今却享受着人间的礼赞尊崇，而我却每天遭受凌辱践踏，日晒雨淋，您为什么要这样的偏心啊？”佛祖微微一笑说:“它的资质也许并不如你，但是那块石头的荣耀却是来自一刀一锉的雕琢之痛啊！你既然受不了雕琢之苦，最后只能得到这样的命运啊！”

它们同样有机会从一块默默无名的石头成为万人敬仰的佛像，但是，在雕刻自己的这条路上，质地上乘的石头由于不能承受痛苦，接受打磨，以致最终只能在平凡的“螺丝钉”的岗位上，被众人轻视甚至是踩在脚下，这样的下场着实可悲。

西班牙有位著名的智者在其《智慧书》中告诫人们:“在生活和工作中要不断完善自己，使自己变得不可替代，让别人离了你就无法正常运转，这样你的地位就会大大提高。”完善自己就要经受打磨，每个人在初入社会时都会工作于平凡的岗位。“一起毕业的同学，头一两年聚会时，没有什么大的变化，大家的处境相差无几；5年之后，10年之后，就有了天壤之别。”一位成功的企业家在成名之后的同学聚会上发表这样的感慨。5年、10年，这期间每个人都在完成着从一个普通的“螺丝钉”到核心员工，甚至到管理者的蜕变。在每一步、每一个岗位的竞争中都努力让自己变得不可替代，只有如此，你的蜕变才会具有强大的加速度。现实生活中，很少有人甘于落后、不求进取，许多人总以为自己已尽最大的努力同艰辛与苦难斗争，不断完善自己，实则他们并没有尽其一切的可能去努力。世间许多的沉沦，都是由对客观境遇妥协所造成的，都是由不愿努力、不肯奋斗所造成的。

每个人都是不同的，每个人都是独一无二的，只是有些人早早地发现了这一点，才“笨鸟先飞”；而那些一生庸庸碌碌的人，也并非生而平庸，而是在每一次选择完善自己、实现突破时，放松了自己，不愿让上帝的刻刀深深地打磨自己，最终落得原地踏步的结局，以致仍是一个可有可无的“螺丝钉”。

保持自我，守住初心

王阳明说：“无事时固是独知，有事时亦是独知。”简而言之，一个人如果只在人们关注的地方用功，那就是虚伪的作假。不管在什么时候，人都应该保持本身，以真示人。对此，有人做过研究，实际上我们每个人都具备成为伟人的潜质，之所以没有成为伟人，是因为我们只用了10%的心智能力，而剩下的90%却一直不为我们所知。其中最主要的原因就是人们不能保持自我，正确地认识自我，从而发挥自己的潜能。

一个总不得志的人，找到了智者，向智者诉说自己的遭遇和无奈。

智者沉思良久，舀起一瓢水，问：“这水是什么形状？”这人一摇头：“水哪有什么形状？”智者不语，只是将水倒入杯中，这人恍然：“我知道了，水的形状像杯子。”

智者无语，又把杯子里的水倒入旁边的花瓶，这人悟然：“我知道了，水的形状像花瓶。”

智者摇头，轻轻提起花瓶，把水倒入一盛满沙土的盆里，水一下子溶入了沙土，不见了。智者低身抓一把沙土，叹道：“看，水就这么消逝了，这也是人的一生。”

这人陷入了沉思，良久说道：“我知道了，你是通过水告诉我，社会处处就像一个个不规则的容器，人应该像水一样，盛进什么容器就是什么形状。”“是这样，也不是这样。”智者微笑着说，“很多人都忘了一个词，滴水穿石。”

此人大悟：“我明白了，人可能被装于规则的容器，但也能像这小小的水滴，改变着坚硬的石头，直至突破。为人处世要像水一样，能屈能伸，既要尽力适应环境，也要保持本色，活得自我。”

“真实的东西总会打动人，就像那些花吧，虽然它会凋零，可是我们还是喜欢它的真实。那些假花，即使再好看，一样不喜欢。”其实在经过磨砺以后，我们才逐渐懂得了这个道理，在纷繁复杂的社会现象背后，稍不注意，我们的眼睛就欺骗了自己，许多的人和事出现在眼前，哪个是真，哪个是假，很难甄别。也许时间能够检验，假以时日，假象因为缺乏真实的基础而原形毕露，唯独有真实与我们相伴。

在社会生活中，真与美之间是有区别和联系的。真，也就是一种客观事实，是事物的本质属性，是人们对于事物感知后一种理性的思考。美，是人们对于某种事物的客观感受在大脑中做出的一种反应，是一种感性的认识。美一般是建立在真和善之上的，也就是说，美一般是要符合真和善的。

车尔尼雪夫斯基讲，美是“生活”，就是说美在生活中是无处不在的，只是我们缺少发现美的眼睛罢了。美是建立在对社会物质生活了解基础之上的，正如空中楼阁一样，美是不可能建立在非物质基础之上的。所以，当人们对事物还不了解时也就无所谓美。

有一个农夫在田地里捡到一枚稀有的金币，因为年代久远，金币的外表看起来有些肮脏。邻人听说后纷纷跑来观看并争相购买农夫的那块金币，农夫表面不置可否，内心却在盘算着怎样才能让他们出价更高。

回到家里，农夫找来砂子和打磨金币用的工具，他想，如果将金币外表的污物去掉，这样肯定能卖个好价钱。随着污物脱落的还有一些极细小的金子的碎片。

终于，金币发出了耀眼的光芒。一位长者看后，把金币放在掌心托了托，然后轻轻摇了摇头，说：“重量减轻了，价值也就随之降低了。”

许多时候保持自我本色要比故意做作更能让人信赖，而这种信赖正是我们走向成功的基石。许多人都喜欢模仿别人，想让自己和别人不一样，他们希望自己能够跟上潮流，或是让自己散发出明星般的魅力。不过，这种模仿好像并没有给自己带来成功或是快乐，相反还让自己感到焦虑、痛苦，而且这种焦虑、痛苦是和失败联系在一起的。

卡耐基认为，对成功和快乐的渴望是人们模仿别人的出发点，不过事实已经证明这是一种十分不明智的做法。任何一位因为模仿别人而苦恼的人，应该相信这样一句话：做你自己，那是最快乐的，也是最好的。

保持自我是一件相当重要的事情。假如你做不到，那么你永远都不可能成为一个快乐的人，因为你总是活在别人的影子里。有心理学家说：“保持自我这个问题几乎和人类的历史一样久远了，这是所有人的问题。”

其实，大多数精神、神经以及心理方面有问题的人，其潜在的致病原因往往都是不能保持自我。每个人都是这个世界上唯一的、崭新的自我，你确实应该为此感到高兴，因为没有人能够代替你。

人们应该把自己的天赋利用起来，因为所有的艺术归结起来都是一种自我的体现。你所唱的歌、跳的舞、画的画等，所有的都只能属于自己，而遗传基因、经验、环境等一切都造就了一个具备个性的自己。

始终有主见，活出自己的人生

人作为社会群居动物，都是生活在一定的群体当中的。既然是生活在群体中，就难免会被周围人的观点和思想影响。很多时候，他人的意见和想法会对自己的思想产生启示作用，但不可否认，有些时候他人的意见和想法也会动摇自己的意志与抱负。这时候拥有自己的主见就显得十分重要了。

拥有主见其实就是分析和判断形势，它可以让我们在面对选择时减少许多迷茫和困惑，变被动为主动。但主见不是天生就有的，主见需要在平日里储蓄，在关键时实践。

小白、阿桑还有老李是大学同学，三人毕业后一直在一家IT公司做程序员，现在已经是第五个年头了。三人私下经常聚在一起吃饭、聊天。他们都对自己从毕业到现在毫无变化的现状十分不满，时间一久，老李甚至生出了辞职的念头。对于这个冒险的决定，阿桑和小白观点不一，小白认为只要自己一直兢兢业业坚持下去，一定会有出头的一天，阿桑则觉得都行，要是大家都辞职他就辞职。

一个月后，老李带着对旧公司的不满毅然辞职跳槽到另一家公司，但是因为之前的工作一直得过且过，所以并没有什么真才实学，最终也只能从头开始。阿桑在不久之后也跟着他辞职换了行，收入还没有之前高。只有小白一直坚持自己的想法，继续勤勤恳恳地做着自己的工作，最后在年底的年会上由程序员直接升为主管。

三人同时遇到“瓶颈期”，因为选择不同，结果也截然不同，阿桑是三人中最没有主见的，有着典型的随波逐流性格，总是跟在别人后面作决定，很难有自己的成就。老李虽然有自己的想法，但是性格冲动，做事情也不会认真分析，所以会吃亏。而小白则和他们恰恰相反，虽然也对工作现状不满，但并没有被别人牵着鼻子走，而是坚持自己的想法，努力做到最好，最后也得到了自己想要的。

人在做事时，有主见才有自我，没有主见的人在做事时就像随风飘荡的浮萍，没有自己的想法，也就无法决定事情的走向了。不过有主见并不是指我行我素，只做自己的。这是一种极端自负和自我封闭的做法，是不对的。所谓有主见是指在遇到事情时，有自己的想法，可以运用自己的人生积累，结合周围人的积极建议，做出正确明智的选择。

虽然我们过着群体生活，但我们又都是有着鲜明个性的独立个体，许多事情还是需要自己作决定。太依赖或依附别人，不但不能给自己的生活做主，还容易引起别人的反感。一个人要想成功，首先就得做到思想独立，能在关键时刻拿定主意、稳定军心，否则只能与成功擦肩而过了。

所谓有主见，并不是指固执己见，一条道走到黑，而是在重要的事情上面，有自己的观点、自己的看法，自己的人生自己做主，而不是人云亦云，跟着别人走。

明确目标，找到你要走的那条路

在人生的道路上找准目标、确定人生方向，是每个人走向成功必须要做的事。所谓目标，它可以是你这一阶段的努力方向，也可以是你整个职业规划的最终目的。只要有了明确的目标，知道自己想要的是什么，那么你的前景也会一片广阔。

很多人都期待走上社会经济的舞台，并成长为影响一方的主角。但大多数人最后只能庸庸碌碌过一生，为什么？就是因为他们没有长远的目标，整日浑浑噩噩，不知道努力是为了什么。长此以往，不但丧失前进的动力，人也会变得一蹶不振。

魏强上学时成绩优秀，一直是老师、家长眼中考名牌大学的好苗子。魏强18岁那年如愿考上了北方的一所大学，毕业后顺利到一家小有名气的杂志社应聘成了记者，但是工作后的魏强并没有像大家所想的那样顺风顺水。原来因为家人、老师的期盼，读好大学、找好工作一直是魏强前进的目标，可是参加工作后，魏强忽然失去了努力的方向，工作也一直不温不火的，很快便失去了动力，每天浑浑噩噩，出版社里的老编辑见他没什么上进心也是颇有微词，经常在领导面前批评他。魏强觉得压力巨大，于是辞职了。

辞职后的魏强看见昔日的许多同窗因为做销售，现在混得还不错，便找了一份销售的工作。过了不久，他又想到为什么不去试一试酒店管理的职业呢？既轻松，还可以管理别人。就这样他又花了一个月恶补了酒店管理的知识，但是因为缺乏实践经验，只能从最基本的服务员做起。做了不到两个月，魏强觉得没什么意思，再一次辞职了。

浑浑噩噩、没有目标的魏强，就这样在毕业了很多年以后，依然只能混迹于普通公司的底层职位。

在我们的一生中，除了年幼无知的童年时期外，其他每个不同的成长发展阶段都与目标有很大的关系。上学的时候，魏强因为有父母的期待，所以上大学是目标，可是完成这些之后，他立刻就没动力了。其实很多年轻人都能从魏强的身上找到自己的影子，毕业之后，脱离学校与家长，自由了，也没有目标了。

大多数觉得人生很迷茫，找不到方向，归根结底都是由于没有远大的志向和可以为之奋斗的目标。没有目标，就没有前进的方向，生活也就会过得像一盘散沙；没有远大的志向，人就会变得慵懒而没有动力，只能听天由命，茫然叹息。不想让机会就这样溜走，青春就这样逝去，只有靠志向和理想冲出迷茫的旋涡，崭新的人生之页将会为你从此刻掀开。

目标有大有小，建议大家在确定目标时先确定一个大目标，如职业理想、人生规划，然后将大目标细化，分成阶段性目标。这样就不会因为目标太渺茫而心生放弃，而且一步一步朝着目标不断靠近，人也会充满成就感。

坚持自己的路，别让别人左右你的人生

人最大的弱点就是太在意别人对自己的看法，以至于做事情时考虑太多，反而将本来简简单单就能解决的事情复杂化了。一个想要做自己的人，不想让别人左右自己的人生的人，就必须坚持走自己的路，做自己的事，活出自己的精彩。虽然常听人说："走自己的路，让别人说去吧！"但是真的能做到

完全不顾虑外人看法的人却少之又少。大多数人都会随着别人的看法或喜或悲，更何况这世上从来就不缺少那些站在道德的制高点，对别人的人生指指点点的人。所以即使遇到了，也不必真的生气，因为你的愤怒只会让他们更加开心，更加兴奋而已。

杨玺大学毕业后，应聘到一家公司实习，没想到上班第一天他就遇到了一件让自己很尴尬的事情。中午午休时间，他去公司楼下的餐厅吃饭，找座位的时候，正好坐到了副总的旁边。在一个桌上吃饭，就算不是副总，也该打个招呼，可是杨玺却开始犹豫了，本来和副总一桌大家就已经开始看着自己了，要是再凑上去说话，同事肯定会觉得自己是个马屁精，就这样杨玺犹犹豫豫，直到副总吃完饭也没跟他打招呼。

过了几天，杨玺的组长带着他还有同组的一个同事陪副总一起和客户谈业务，吃饭的时候，杨玺几次想和副总说话，好缓解上班第一天的尴尬。但是看到副总正在和客户说话，他想自己只是一个新员工，还是不要插话的好，万一说错了，岂不是更糟，所以直到饭局结束，杨玺都没说什么话，一直沉浸在自己的胡思乱想中。

饭后送走客户，组长也有事先走了，只有杨玺和另一个同事陪副总回公司。路上，杨玺先是觉得同事在和副总谈工作上的事情，自己插嘴不好，所以一直保持沉默。走到中间，杨玺听到副总咳嗽了两声，他很想过去问候几句，但是“谄媚”“献殷勤”这些词马上又紧紧缠住了他。正在他犹豫不决的时候，另一个同事已经问出口了：“最近身体不好吗？”副总答道：“老毛病了，一喝酒就会这样，但是我们工作就这样，没办法。”后来两人开始聊起家常，杨玺几次想参与到话题中去，但又觉得他们有交情，自己一个新来的，这样搞得自己像要巴结副总一样，所以一路沉默回到了公司。

一周后，副总召集大家开会，会中要他们说说对这次和客户合作的建议。杨玺想到自己是新人，说多错多，再加上前几次和副总尴尬的相处经历，杨玺变得更不知所措了，所以当副总问自己有什么建议时，杨玺犹豫了半天，还是说没有任何建议。最后结果很明显，杨玺被副总踢出了这次项目。

这样的故事、这样的人其实在我们生活中并不少见，大多数人都觉得这是他们性格不够圆滑、内心想法过多造成的。但事实并非都是如此，杨玺的犹豫不决、心态波动，其实都是因为他的思想被别人有形的、无形的想法给左右了。如同事的议论、与副总身份的差别等，这些都导致了他的犹豫不决，所以最后做出来的反而不是自己真正所想的了。

我们在社会中生活，很难避免陷入被议论的旋涡，我们总是太过在意别人的想法。大多数人依赖别人的意见，很重要的一个原因就是不够自信，内心不够强大，那么个人的情绪就很容易随着别人的评价而波动，时间长了，就会失去自我。要想不被别人的想法左右，不活在别人的看法中，就必须有独立的人格，充实自己的内心。只有内心充实了、强大了，人才会变得有主见，活得更自信。

不管是谁，都没有办法陪我们走到最后，所以我们自己的人生还得自己做主。老是陷入别人的思维中，失去对自己人生的话语权，不只会活得很被动，也会活得很累。

第四章

我要积极成长，唯有变强才能谱写出人生新篇章

用自信代替自卑，你才能超越自己

人们常说，骄傲使人落后，谦虚使人进步。因此，我们从小就戒骄戒躁，总是认为唯有谦虚，我们才能获得更大的进步，才能让我们的人生获得更长足的发展。的确，谦虚能够帮助我们保持空杯心态，更加虚心进取，也最终使我们获得成功。但是，凡事皆有度，谦虚一旦过度，就变成自卑，变得和骄傲一样阻碍我们的进步。从某种意义上说，过度的谦虚和骄傲一样使人退步。尤其是在关键场合，人们常常因为自卑变得怯懦，不愿意在他人面前展示自己，也极度缺乏自信。长此以往，他们必然陷入自卑的陷阱之中无法自拔，也因为害怕失败而与成功绝缘。

黑格尔是德国大名鼎鼎的哲学家，他曾经说，“自卑总是和懈怠相伴而行。”从心理学的角度而言，自卑是一种性格上的缺陷，自卑者往往低估自己，缺乏自信，也因而妄自菲薄。纵观古今中外，细心的朋友会发现，每一个成功者都充满自信，他们相信自己有能力获得成功，并且为此不懈努力，最终才真正获得成功。因而做人一定要高看自己一些，摆脱自卑的泥沼，我们才能展翅翱翔。记住，谦虚和自卑永远有着本质的不同，我们可以谦虚，却不能自卑，更不要妄自菲薄，因为别人无心的评价就轻易改变自己。我们要有足够的自信，相信自己是这个世界上独一无二的个体，这样才能帮助自己成就人生，收获快乐。

大家都认为，美国女星杰西卡·阿尔芭的脸蛋非常漂亮迷人。一个由美国研究人员和加拿大研究人员共同组成的研究团队，也经过精确计算，证实杰西卡·阿尔芭的面孔的确符合人脸黄金比例的要求。不过，最近杰西卡·阿尔芭非常苦恼。原来，有个中国上海的女孩，因为被男友提出要求按照杰西卡·阿尔芭的脸孔整容，居然真的在社交网络上发帖，声称自己要按照杰西卡·阿尔芭的模样整容。

对于这个上海女孩的疯狂举动，阿尔芭曾经在公开场合进行了发言。她真诚地劝说女孩："假如一个男人真的爱你，他绝不会因为对你的长相不满意，就要求你整容。至于我自己，永远也不会希望改变自己的模样。"

在这个事例中，虽然这个上海女孩为了挽回男友的心，作出了如此疯狂大胆的决定，但是我们不得不遗憾地表示，这个举动简直难以理解。阿尔芭说得很对，假如一个男人真的喜欢你，那么他一定不会要求你把容貌变得和另外一个人完全一样。况且，在恋爱关系中，讲究的是平等和真爱，在任何情况下，我们都不能因为爱一个人，让自己低到尘埃里，变得毫无原则。

古人云，身体发肤，受之父母。每个人都要珍惜父母给予我们的天然容貌，不要为了追寻所谓的美丽，更不要为了挽回爱人的心，做出如此荒唐的举动。在这个世界上，每个人都是独一无二的个体，每个人都有自己与众不同的脾气秉性、性格爱好，我们唯有爱自己，才能做到拥抱和珍惜生命。其实，对于任何人而言，坚持自我、高看自己一眼，都是难能可贵的品质。尤其是在从众之风盛行的今天，有个性的人越来越少。当我们变得和他人一样，我们还有什么存在的意义呢？一个人不管是在生活中还是在工作中，也不管面对怎样的人和事，都要做到坚持自己。

大家都知道举世闻名的笑星卓别林，他在荧幕上给无数人带来快乐。殊不知，卓别林刚开始从事演艺事业时，也很喜欢模仿他人，他总是模仿其他的笑星，但是最终毫无所成。广大观众希望从荧幕上看到与众不同的表演，而不只是看到盲目的模仿。意识到这一点之后，卓别林不再模仿那些成功的喜剧演员，而是发掘自己的特点，让观众朋友在荧幕上看到与众不同的自己。最终，他走出了自己的独特演艺道路，也才真正最大限度地发挥自己的才能。朋友们，我们也要坚持自己，也要高看自己，不要盲目地模仿他人，更不要毫无原则和底线地改变自己，这样我们才能拥有自己与他人截然不同的独特人生，也才能赢得他人的认可和赞赏。做自己，这是我们最重要的人生目标。

选择积极成长，不断充电和完善自我

一个人无论在顺境还是在逆境中，不断地充电和自我完善是其能够给生活、事业打开新局面的绝佳方法。

一个人的成长，是伴随他一生的。即使是身体机能开始衰竭的时候，对大脑的投资也不应停止。我们的生活就像一辆不断提速的火车，飞快地向前行驶，而根据牛顿经典力学第一定律，坐在车中的我们，如果不同步提高自己的速度，在某个大转弯处，就会在惯性的作用下狠狠向后退，甚至被甩下。当你被甩下之后，你才会发现自己的知识结构已经跟不上时代的发展，那时再想弥补，加上生活的压力，困难将比现在逐渐给自己充电要大得多。

现实生活中，生活的压力有多大，竞争到底意味着什么，初入职场的年轻人也许认识不到，但有几年工作经验的朋友则会对压力与竞争深有感触。有这样一则流传于职场中的故事：夜幕下的草原上，一头狮子在沉思，当明天的太阳升起，我要拼命地奔跑，追上跑得最快的那只羚羊。与此同时，一只羚羊也在思考，当明天的太阳升起，我要拼命地奔跑，逃脱跑得最快的那只狮子的追赶。

在目前这个经济社会下，一旦投身其中，无论你是狮子或是羚羊，当太阳升起，你要做的，就是奔跑。每个人都有一定程度的危机感，而消除这种危机感的唯一途径就是提高自身的文化素质。

吴孟达是如今香港影坛大腕级的喜剧演员，他最初入行完全是为了养家糊口，把演戏当作一个纯粹的工作，从来不知道表演是什么。而演艺圈是个浮躁的地方，他在出演了一些角色后，收入渐渐好起来便开始敷衍了事，机械地说台词、走位，收工后就同一帮朋友去通宵喝酒。久而久之，恶性循环，每天拍戏也会迟到，加上他的演出，用导演的话说就是完全没有灵魂，也就是没有个人特色和内涵，慢慢地，没有人再找他演戏，他的事业步入低谷，遭遇人生的滑铁卢，日常生活都变得窘迫起来。

可就是在这段最灰暗的岁月里，他开始重新审视自己和自己的职业，开始看表演方面的书籍，揣摩笑有多少种笑，哭有多少种哭。终于，当他再次有了演出机会，他的厚积薄发，终于没有辜负他的付出。他在电影《天若有情》里饰演了一个起先唯唯诺诺，后来反戈一击的小混混，搞笑而悲凉。他一鸣惊人，夺得了当年香港金像奖最佳男配角奖。同样，在早期的港台电视剧、电影中，今天的喜剧巨星周星驰常常是一个御用龙套，他从跑龙套起家，后来成为香港最善于捧红龙套的导演，而亚洲最好的“龙套”传记片就是他的《喜剧之王》。十多年前，吴孟达和周星驰结识，两人年龄差一轮，但一样郁郁不得志，当时两人都比较落魄，住处又只隔一条马路，因此常常聚在一起探讨剧本。吴孟达说："我们住的地方之间有一家美国餐厅，24小时营业，当年接到《他来自江湖》的剧本，我们就常到那里坐在一起研究台词、研究表演。"正是在这样的不断钻研中，最后两人都形成了一种独特的"无厘头"表演风格，周星驰更是成了一代喜剧大师。

从周星驰与吴孟达的成名经历中，我们不难体会为自己的事业不断奋斗的精神，更为重要的是，他们及时地认识到自己在表演上的不足，积极地看书学习，相互交流，在充实大脑、充实知识的过程中，顺理成章地走向了他们事业的巅峰。

因此，我们要相信，一个人无论在顺境还是在逆境中，不断地充电和自我完善是一个能够给生活、事业打开新局面的绝佳方法。行动起来吧，还等什么，每当你多学会一样技能，多提高一种能力，就朝成功的金字塔更上了一步。

人生的张力，在于心的坚强

有人说，人生就是一个大舞台，我们每天都在表演，只有具有张力的演员，他的表演才更具内涵。

一滴水，因为有其内在的张力，才能不折不断。水本无色无形无味。它能顺应形势，变化出任何一种形状。它能根据需要，调配成任何一种口味。它是单纯的，却是变通的、灵动的。它因时而变，夜结露珠，晨飘雾霭，晴蒸祥瑞，阴披霓裳，夏为雨，冬为雪，化而为气，凝而成冰。它因势而变，舒缓为溪，低吟浅唱，陡峭为瀑，虎啸龙吟。它因器而变，遇圆则圆，逢方则方，直如刻线，曲可盘龙。

拥有内在的韧度，即使外界事物发生何种变化，自身的形状、形态有何改变，其本质依然。人是由水组成的，水在人体中占有很大的比重。人性如水，本如水一样富有张力。水的张力来源于分子之间的力量，而人的张力，则在于心的坚强。人生难免经历艰辛、痛苦，也许会遭遇种种的不幸。环境的艰苦不会使人倒下，只要你有一颗“坚硬”的心。

人生失意何其多，总是在种种的失意面前垂头丧气，生活就会布满乌云。也许你总是渴望自己的工作和生活事事如意，每天都事遂心愿，处于一个舒服的环境中，轻轻松松地生活。但你是否知道，轻松的环境看起来是个养人的好地方。但它充其量只是一个“大鱼缸”而已，没有活水源，也没有自己的发展空间，表面的平静之下，其实隐藏着巨大的危机。

有一个单位办公室门口摆着一个挺大的鱼缸，缸里放养着十几条产自热带的杂交鱼。这种鱼长约三寸，大头红背，长得特别漂亮，惹得许多人驻足凝视。一转眼两年时间过去了，这些鱼在这两年时间里似乎没有什么变化，依旧三寸来长，大头红背，每天自得其乐地在鱼缸里时而游玩，时而小憩，吸引着人们惊羡的目光。忽一日，鱼缸的缸底被该单位领导那顽皮的小儿子砸了一个大洞，待人们发现时，缸里的水已经所剩无几，十几条热带鱼可怜巴巴地趴在那儿苟延残喘，人们急忙把它们打捞出来。怎么办呢？大家四处张望了一下，发现只有院子当中的喷水泉可以做它们的容身之所。于是，人们把那十几条鱼放了进去。两个月后，一个新的鱼缸被抬了回来。人们都跑到喷水泉边来捞鱼。捞来一条，人们大吃一惊，简直有点手足无措了。两个月，仅仅是两个月的时间，那些鱼竟然都由三寸来长疯长到一尺来长！人们七嘴八舌，众说纷纭。有的说可能是因为喷水泉的水是活水，鱼才长这么长；有的说喷水泉里可能含有某种矿物质；也有的说那些鱼可能是吃了什么特殊的食物。但无论如何，都有共同的前提，那就是喷水泉要比鱼缸大得多！

生活在重压下，人的内在张力和对环境的适应能力就会变得越来越强，只是有些人天生畏怯，不愿也不敢主动去寻求一些改变，而是不自觉地习惯于被事情、被环境推着走。他们怕主动选择后的失误，给自己带来终身的遗憾，他们极力在现在被动选择的环境中做到最好，以安慰自己对得起自己、对得起家人，因为我已竭尽全力。殊不知，人只有不断改变、适应、学习、突破才能逐渐成长。长期固守于特定的环境中，只会如温水里的青蛙一样，最终在竞争到来或生存压力变大时，失去跳跃的本领。

很多人害怕改变、畏惧变动，除了不舍得放弃现有的优势资源外，更多是因为没有了从头做起、从低做起、重新面对艰苦条件的心态。其实，艰苦的环境不一定就是人生的不幸，相反还会成为磨砺人生的砥石，它可以培养坚强的品质、意志和毅力。只有经历过不幸、挫折、失败和痛苦的磨炼，努力打造心灵的韧度，努力拓展人生的张力，你才能把命运握在自己手中，才能在生活中做到宠辱不惊、镇定自若，在面对突发情况时临危不惧、冷静处之；才能使自己始终保持积极而平和的心态，不偏不倚、不疾不缓地朝着既定目标前行。

生活中没有无风无浪的时候，所以期待事事如意的生活本就是一种奢望。让心飞起来，努力缔造人生的坚韧与顽强，突破自己，改变环境，让自己的生命更具张力，你的生活才会在诸多色彩的点缀中呈现别样的风景。

激发潜能，勇敢追求自己想要的生活

人生不如意，十有八九。现实生活中虽然每个人都不可避免地会遇到很多坎坷，但是每个人遇到坎坷后的结局却是大不相同的。在目光短浅的人眼里，眼前所发生的便是人生的全部。但是目光长远的人看到的却是远处亮丽的风景，所以从来不会被眼前这些暂时的挫折与坎坷所困扰。

很多人不敢去追求自己想要的生活，并不是因为他们天生条件就不足，有缺陷，而是因为他们给自己设置了一个属于他们自己的“高度”，这个高度会常常在心里给他们以暗示：“我做不到，这超过了我的预期！”这也就是我们常说的“自我设限”。

一位喜欢钢琴的孩子在练习弹钢琴。钢琴上摆放的是一份全新的乐谱，这是他的妈妈为他准备的，他没有办法改变妈妈的决定，只因妈妈是一名著名的钢琴家。

他翻着乐谱喃喃自语：“超高难度……”瞬间，他感觉对弹奏钢琴的信心跌至谷底。他无法理解，为何妈妈要用这样的方式来整人。他勉强支撑着，开始用十指在琴键上奋战、奋战、奋战……

相较于他的水平，乐谱难度略高，因此他弹得僵滞且生硬，频频出错。尽管如此，妈妈还是不断地鼓励他，“还不够熟练，明天继续好好练习！”语调听上去很严厉。

他整整练习了一个星期，但是在第二周上课时，令人惊讶的是妈妈又给了他一份难度更高的乐谱，“试试看吧！”之前的课程妈妈只字未提。他只能挣扎着再次挑战高难度的技巧。

第三周时，出现了更高难度的乐谱。同样的情形一直在不断地重复着，每次重新面临更高难度的乐谱，却无论如何都无法赶上进度，一点因为上周的练习而信手拈来的熟悉感都没有时，他感到越来越沮丧、不安和气馁。这时，妈妈走了进来。

他再也无法忍受了。必须向妈妈提出质疑，为何三个月来不断地以此种方式折磨自己。

妈妈没开口，只是拿出了最早的那份乐谱，交给了他。“弹奏吧！”妈妈看着他的目光很坚定。随后发生了不可思议的事情，就连他自己都难以置信，他竟然能够把这首他认为很难的曲子弹奏得有如天籁，精湛而美妙！妈妈接着又让他试了第二堂课的乐谱，他表现得依然很棒……演奏结束后，他目光如炬地望着妈妈，激动的心情无法言喻。

“若是我放任你表现最擅长的部分，你可能还在练习着最初的那份乐谱，你就不可能会有今天这般高的水平……”妈妈缓缓地说。

妈妈的话充满了哲理，每个人都习惯性地喜欢重复自己熟稔于心的事情，事实上，人有着无限的潜能，如果没有胆量挑战极限，一味地给自己设限，那么人生又如何才能达到新高度？所以，切莫给自己的人生设限，每天都要大声地对自己说：我是最棒的，我一定会成功！俗语有云：有志者自有千计万计，无志者只感千难万难。对自己设下了一个“心理高度”，往往是造成人们无法取得成功的主要原因之一。面对挫折和坎坷，不妨奋力一搏，为可能即将到来的成功而努力。

美国前总统罗斯福说：“没有你的同意，没有人能让你觉得你低人一等。”现实中有很多人不敢去追求成功，其实并不是他们追求不到成功，而是因为他们在心中早已为自己设定一个“高度”。人只有不给自己设限，才能走出更广阔的天地，才能飞上更高的天空。

做擅长的事，能让你事半功倍

一个人可以忙碌的事情很多，如果你每件事都要自己动手，那就永远没有空暇时间。忙碌也要有选择，在你最熟悉的领域，做你最拿手、最熟悉的事，可以让你事半功倍，总是有很强的成就感。

而如果一个人总是感觉自己不够完美，而忙于弥补自身的缺憾，做自己不熟悉、不擅长的事，那就会有一种特别挫败的感觉。这种挫败感会让他对生活甚至对自己丧失信心，陷入晦暗的境地。

有一位女强人小A，结婚后为自己不能做很好吃的饭而耿耿于怀。其实，她是一个很优秀的女人，她很聪明，也很勤奋，有创意，为人也温柔大方，无论对于生活还是工作都有自己的一套，有她独特的品位和情怀，她的小家也很温馨。但是她却不能原谅自己提供不了丈夫的三餐，无奈只得去参加“主妇培训班”的课程，可能因为她真的没有天分，把耐心很好的老师也惹得频频发火。她觉得自己作为一个女人不会做饭，真的是“失败的女人”，最终还是她的丈夫帮她走出了这种挫败的境地。她的丈夫告诉她“你已经很好了，我要的是妻子，不需要厨师”。

是啊，对于那些不熟悉、不擅长的事，你也要勇敢地说一声“公司需要的不是……”，公司之所以聘请一个人，看重的是他擅长做的事、熟悉做的事，是一个人能够用自己熟悉做的事给他们创造效益，而绝不是苟求他的完美。这个世界上没有完美的人，每个人总有一些盲点和遗憾，每个人总有一些做不好，甚至是欣赏不了的事。

有时候，待在自己的位置，做自己熟悉的事，不制造混乱，就是在帮别人的忙，尤其当这个人在某些方面特别有天分，在其他方面却一窍不通，甚至是“混乱制造者”的时候。

记得有个小故事，当年杨振宁在美国学习的时候，开始是在实验室，但因为他的动手能力实在太差，做实验时经常发生爆炸，所以当时实验室流传着这样一句笑话：“哪里有爆炸，哪里就有杨振宁”。最后，在泰勒博士的建议下，杨振宁放弃了写实验论文，把主攻方向转到了理论物理研究，最终获得了“诺贝尔物理奖”。

没有一个人是完人，一个人只有在他熟悉的领域做熟悉的事，他的特长才能得到发挥，别人做三天能做好的，他一天就能做好，他的人生才能实现最大的价值。如果一直做自己不熟悉的事、没有天分的事，别人一小时能做好的，你一天才能想明白，那肯定就会落在后面。陌生对于每个人都意味着“风险”，害怕这种风险是一回事，不要冒这种风险是另外一回事。

隔行如隔山，只有对某个行业熟悉到一定程度，你才会发现其中的机会，每个领域都有人成功，但绝不会在短期内就获得巨大的成功，做自己最熟悉的事，就是把自己选择的成功之路变窄，从窄窄的门里走进去，你才能走得更远，走得更深入。

很多年轻人喜欢在多方面发展，如果你在某个领域熟悉透了、成功了，可能对它边缘的领域也有一点心得，这就是所谓的“触类旁通”。每个行业到了顶尖，道理都是相通的。可是如果一开始就想在两个毫无关联的领域并驾齐驱发展，恐怕你很快就会尝到失败的滋味。实际上，那些最成功的人，他们真正负责的事情是很少的，都是自己最熟悉、最精专的事。

万通集团董事局主席冯仑说，自己就干三件事：看别人看不见的地方，算别人算不清的账，管别人不管的事。看似高深，实则朴实，是一种复杂化以后的简单，是一种难得的境界。如果我们能够达到这种境界，就不会一直焦头烂额、毫无所得了。

选择自己最熟悉的领域，做自己最擅长的事，你会快速地成功。最短的路就是最熟悉的路，最快的做事方法就是自己已经熟练了的方法。选择做最熟练的事，不为难自己，才是成熟的人应有的境界。

积极上进，才能在竞争中独占鳌头

进取是一种能力，更是一种态度，是人生最为可贵的品质之一。当一个人有了进取之心时，他就会朝着自己的目标和方向勇往直前、毫不退缩。当今时代瞬息万变，一个人若是不思进取，只躺在过去的成绩上睡大觉，那么无论他曾经有多么优秀，也终将被时代的潮流所抛弃。相反，若是一个人积极上进、奋发图强，那么无论他的资质有多么愚钝，先天条件有多么不如他人，他也会一步一个台阶，不怕困难、不怕挫折，踏踏实实、认认真真地向着自己的目标一点点靠近，最终实现自己的人生价值。

进取不仅是时代的需求，更是人们自身发展的需求。一个怀着积极进取的人生态度的人，无论对待什么事情都不会轻言放弃，而是会自强自信、锐意进取。生命不息，攀登不止，不断进取的人永远不会被时代所淘汰。因为他能始终跟着时代的节奏，百般求索、不断学习，发现和解决新的问题、提出和找到新的方法、创造和开拓新的局面，赢得人生的主动权，获得人生和事业的双丰收。而一个不求上进、不思进取的人则永远原地踏步，最终被他人远远地甩在身后，碌碌无为地度过一生。

林子大学毕业后来到一家生产凉茶的公司上班，技术部的事情并不是很忙，每个月除了做固定的检测之外，几乎就没什么别的事情了。老板一般也不到技术部来，所以大家闲下来的时候，要么在一起聊天，要么就在网上看看新闻、小说和电影之类。只有林子不一样，他一有时间就待在实验室里，拿着烧瓶、量杯不停地忙活。有人对他说："你傻不傻呀？这个凉茶是百年配方了，是老板的祖先留下来的秘方，你再捣鼓也没用！再说老板也看不到，何必那么辛苦呢？"小林正色说："反正闲着也是闲着，在大学里我就喜欢做实验，这么好的实验室空着不是可惜吗？"于是他依旧忙自己的，实验记录和心得记了厚厚的一本。

几年后，老板退休了，将公司传给了自己的女儿。这个新上任的老板和她老爸可不同，她不仅要将凉茶传遍中国，还要将凉茶做到国外去，所以急需改良配方，以适合外国人的口味。技术部一下子忙了起来，而小林此刻却悄然从实验室隐退了，一个人抱着他那厚厚的笔记，一个劲地翻阅、记录。没过几天，一份详细的适合世界各个地区不同人群口味的凉茶配方报告就出现在了新老板的桌上。

结果可想而知。新老板看到这份报告之后如获至宝，同时她也看到了林子身上那种锐意进取、刻苦勤奋的精神。一纸任命将林子从一个普通技术人员一下子提到了副总经理的位置，这时，当初说林子傻的同事才明白，原来林子才是公司最聪明的人。

成功学家卡耐基曾经说过："有两种人绝不会成大器。一种是非得别人要他做，自己绝不会主动做事的人；另一种是即便别人要他做也做不好事情的人。而那些不需要别人催促就会主动去做应做的事，而且不会半途而废的人必将成功。这种人懂得要求自己多付出一点点，而且做得比别人预期得更多。”这就是进取心。一个有进取心的人是绝不会坐等机会自己找上门的，而会千方百计创造机会让自己出人头地、脱颖而出。林子在实验室所付出的努力和辛苦是常人所不能理解的，而支持他数年如一日坚持下来的力量就是他强烈的进取心。强烈的进取心是推动人生和事业不断前进的动力，只有朝着目标坚定不移地前进，才能忍受常人所无法忍受的寂寞和辛苦，才能克服常人所不能克服的困难和挫折，投入全部的热情和心血，最终换来上级的认可和赞赏，同时也为自己创造机遇，开辟更加光明的前程。

人生的意义在于奋斗，就像登山运动员一样，假如到达了某一高度就停滞不前，那么他的生命也就失去了意义。进取心是对未来更美好的追求，是期盼超越现阶段自我的一种强烈渴望。进取心是天堂里的种子，只要你不断地浇水、施肥，让它茁壮成长，它就一定会结出世界上最丰硕的果实，令你的人生从此不再有遗憾，令你的事业永远不会停顿。

第五章

我要勇敢尝试，抓住了机会人生就有无限可能

积极主动，才有改变命运的可能

生活中，我们常说：“机遇是留给那些有准备的人的”，但同时，机遇也并不是主动送上门来的，而是需要我们主动创造的，那些庸庸碌碌者，多半都是被动消极者，而那些主动执行、善于创造机会的人，则能从最平淡无奇的生活中找到一丝微弱的机会，他们用自身的行动改变了自己的处境甚至改变自己的命运。

美国但维尔地方百货业巨子约翰·甘布士认为机遇无处不在，有时也许只存在万分之一的可能，但是毕竟它存在着。只要有锲而不舍的毅力去争取，就一定能有所收获。

有一次，甘布士要乘火车到纽约去商谈一笔生意，由于事起匆忙，没有预先订票。因此甘布士夫人就打电话到车站询问是否还可以买到当日的车票。

当时正值圣诞前夕，去纽约度假的人很多，车票早早地就被抢购一空。车站工作人员答复已经没有车票了，但如果有急事一定要走的话，可以到车站来碰碰运气，看看是否有人临时退票，不过这个可能性很小。

甘布士夫人沮丧地放下电话，向甘布士转述了车站的答复，她认为今天肯定不能走了，只有等下一次的火车。

谁知甘布士依然不慌不忙地收拾好行李，然后提着皮箱向门口走去。甘布士夫人连忙拦住他问："约翰，现在不是买不到票吗？你还去车站干什么？"

甘布士回答道："不是还有退票的可能吗？""可是这种可能性很小，只有万分之一啊。"

"我就是想去抓住这万分之一的机会，祝我好运吧。"说完，甘布士戴上帽子，顶着风雪朝车站走去。

甘布士到了车站，站在月台上，等了很久，仍是没有一个退票的人，但是他并没有着急，依然耐心地等着，同时还利用这个时间仔细考虑即将谈判的那笔生意的各个细节。

大约离开车还有5分钟的时候，一位女士急匆匆地跑来，因为她家里有突发事件，所以她不得不将票退掉，而改坐第二天的车。

于是，甘布士掏钱买下了那张车票，及时地赶到了纽约。在纽约的酒店中，他打电话给他的妻子："亲爱的，现在我已经躺在纽约酒店舒适的床上。我抓住了你所认为的只有万分之一可能的机会。"

托·富勒曾说，"一个明智的人总是抓住机遇，把它变成美好的未来。"可能你也发现，很多企业界的成功人士，他们身上都有一个共同的规律：他们的成功都来自一个特殊的机缘，但这机缘的出现，似乎又是注定的，因为他们总是用行动说话！

的确，那些被人们认为是幸运儿的人并非天生运气好，他们只是比一般人更有成功的愿望，更积极主动而已。在人生的旅途中，任何机会都可能给你带来意想不到的成功，因此，不要放弃任何一个哪怕只有万分之一可能的机会。

总之，在通往成功的道路上，处处都可能有被错过的良机，只有善于把握机会，哪怕是万分之一的机会，你的财富梦都有可能尽快实现。

善择良机，伺机而动

生活中，总能听到有人抱怨老天不公的声音，抱怨上天没有赋予自己良好的机遇。其实不然，上天对待每个人都是公平的，所以给予大家机遇的机会其实是同等的。也许这个机遇并不是那么的明显，也可能是在你没有预料到的情况下出现的，这种时候，能不能取得成功，就看你是不是能抓住机遇了。

机会犹如白驹过隙，稍纵即逝。只有拥有一双慧眼，抛开内心的优柔寡断，才能抓得住它。常有人说："抓住机会，见机而动”，这其实并不难理解，但许多人却令人遗憾地并没有抓住属于自己的机会，最终失去了获得成功的资格。其原因恐怕离不了两点：一是不懂得识机；二是不懂得择机。

在一次洪水来临的时候，有个人被困在了二楼的阳台上。当洪水上涨到与二楼的墙壁同高时，他虔诚地向上帝祈祷，希望上帝来救他。“上帝一定会来救自己的。”他在心里对自己说。

这时，一艘船正好划了过来，船主看到他被困，让他赶紧游到船上来，带他走。“您先走吧，别担心我，上帝会来救我的。”船主虽然不解，但是因为船上还有其他人，不敢再耽搁，往前划走了。

洪水还在继续上涨，很快就已经淹过他的膝盖了，这时，离他被困的不远的地方，又来了一艘小船，船上的救生员大声呼叫他快点游过去，但是他仍然回答说：“上帝会来救我的。”并祷告得更加虔诚了。

就在洪水快淹到他下巴的时候，第三艘小船来了，而且划到了他可以直接上船的地方，但是这个人仍旧大叫着说：“不用管我，上帝会来救我的！”结果第三艘船还没走出多远，洪水就把他的头淹没了。

当这个人进入天堂之后，他立刻要求见上帝。他很认真地问道：“上帝，我是如此虔诚地向你祈祷，为什么你不救我？”上帝有点惊讶，很纳闷地说：“我派了三艘船去救你，但是你都不上去，我以为你想来的是这儿呢。难道不是吗？”

要知道每一个机会到来时都是不会提前跟你打招呼的，它总是悄悄地来，然后试图让你去发现它、抓住它，如果你是有心人，拥有一双慧眼，就会理智地抓牢它；如果你认识不清、把握不准，那么即使机会就在你面前，也会与你擦肩而过。就像故事中的这个人一样，对机遇抱着守株待兔的态度，要是等不到便开始怨天尤人，慨叹命运对自己的不公。

其实，机会对每个人都是公平的，关键看你有没有捕捉机会的敏锐性，如果没有，那么即使苹果接连不断地往下掉，你也只能看出表象，看不出万有引力的本质。要想练就这种敏锐性，我们就必须学会见机而动，还必须学会善择良机。但是良机不会就这么赤裸裸地摆在每个人的面前，它常常掩盖在复杂的表象后面，所以我们必须养成审时度势的习惯，随时把握客观形势的变化与各方力量对比的变化，透过现象看透其本质，这样方能抓住机会，成就大业。

很多时候，我们不能成功并不是因为没有机会，而是因为我们没有抓住机会。其实上帝给每个人的机会都是均等的，关键还是要看自己是否努力，是否在认真奋斗，否则机会来了，也抓不住，只能望洋兴叹、独自懊恼。

与时俱进，创新才能激活自己全身的能量

生活中，我们常听他人说“与时俱进”这一词，也就是说，我们在做人做事时，要懂得变通，毕竟我们所生活的时代每天都在变幻，守旧的思维模式只能让我们被时代抛弃。事实上，自古以来，人类的进步就是因为能做到与时俱进，能做到思维的创新，可以说，人类如果故步自封，就只会停滞不前。同样，作为单个人，能不能做到思维上的与时俱进，直接关系到一个人的事业成败，因为只有创新才能激活自己全身的能量。

因此，我们每个人都要明白，在瞬息万变的当今社会，真正的危险不是知识和经验的不足，而是故步自封，跟不上时代的步伐。

一个人要想成功，勇气、努力都必不可少，但更重要的是，人生路上要懂得与时俱进，要懂得不断收集各种资讯，使自己对环境和追求的事业的方向有更充分的了解。因为一个人只有了解得越多，才越有应变的能力。

他是个农民，但他从小的理想就是当作家。为此，他十年如一日地努力着，十年来，坚持每天写作500字。每写完一篇，他都改了又改，精心地加工润色，然后再充满希望地寄往各地的报纸杂志。遗憾的是，尽管他很用功，可他从来没有一篇文章得以发表，甚至连一封退稿信都没有收到过。

29岁那年，他总算收到了第一封退稿信。那是一位他多年来一直坚持投稿的刊物的编辑寄来的，信里写道："看得出你是一个很努力的青年，但我不得不遗憾地告诉你，你的知识面过于狭窄，生活经历也显得过于苍白。但我从你多年的来稿中发现，你的钢笔字越来越出色。"就是这封退稿信，点醒了他的困惑。他意识到，自己不应该对某些事过于执着。他毅然放弃写作，而练起了钢笔书法，果然长进很快。现在他已是有名的硬笔书法家，他的名字叫张文举。就这样，他让理想转了一个弯，继而柳暗花明，走向了成功。

诚然，我们要承认的是，一个人要想成功，就必须要做到努力、奋斗、坚持不懈，但毅力要起到作用，还必须是建立在你选择了一条正确的道路的基础上。在错误的道路上坚持，只会让你逐渐偏离成功的人生轨道。我们一定要懂得变化和放弃，具备应变的能力，才可能抓住成功的机会。

我们都知道，在通往成功的道路上，处处都可能有被错过的良机，只有善于把握机会，哪怕是万分之一的机会，你的人生理想都有可能尽快实现。

现实生活中，人们都知道机遇的重要性，但并不是所有人都能把握住机遇。事实上，在机遇面前，很多人只会一味地模仿别人，以为众人走过的路、用过的方法，是最保险的。但殊不知，在众人都踩过的路上，很难有令人惊喜的果实被人发现。

人是善于思考的动物，处于竞争激烈、变化多端的社会中，当我们发现自己的定位与现实不合拍的时候，调整步调才是最明智的选择。

可见，在漫长的人生旅途中，每一个人不能不面对变化，不能不面对选择。学会变通，不仅是做人之诀窍，也是做事之诀窍。那么，我们该怎样做到关注前沿信息、提高自己的思维变通能力呢？

1.关注前沿信息，更新观念

我们要关注时事新闻，关注周围世界的变化，这样，你才能逐步更新自己的观念和强化自己的变革意识。

2.学会变通，要有勇气应对变化

勇气的作用就是调动起自己全部的能力去迎接变化和挑战。一个人想学会变通，首先必须鼓起勇气，勇气是人的一种非凡力量。它虽然不能具体地去处理某一个问题，克服某一种困难，但这种精神和心态却能唤醒你心中的潜能，帮助你应对一切变化和困难。

3.学会变通，要有信心开发潜能

所谓信心，就是一种心态潜能。也就是说你是一个充满信心的人，你有信心克服困难，有信心获得成功。那么，你身上的一切能力都会为你的信心去努力，你也就有可能成为你希望成为的那样；反之，如果你缺乏信心去努力，总以为自己没有能力去做这一切，那么，你的一切能力也就会随之沉寂，自然你就成为一个没有能力的人。

4.要善于改变自己的思维定式

人的思维方式，常常出现两大定式：一是直线型，不会拐弯抹角，不会逆向思维和发散思维；二是复制型思维，常以过去的经验为参照，不容易接受新鲜事物。

实践证明，不管你是觉察到还是没有觉察到，不管你是愿意还是不愿意，每个人时时刻刻都在寻求变通，所不同的是，善于变通的人越变越好，而不善于变通的人却是越变越差。我们只要掌握了变通之道，就会应对各种变化，在变化中寻找到机会，在变化中取得成功。

总之，任何一个人，如果你希望自己能适应现在的工作、生活乃至整个社会环境，你就需要明白“适者生存”这个道理，要懂得适应时局，并要积极思考，随时调整自己。只有这样，才有可能抓住机遇！

每一次不幸中都蕴含着机遇的种子

我们在向目标进发的过程中，难免会遇到不幸、逆境，而其实，每一次的不幸也是机会，充分利用它，就能够促进自己的发展。犹太人常说："悲观者只看见机会后面的问题，乐观者却看见后面的机会。"乐观的人，不仅能看到眼前的问题，还能发现问题后面的机会。

生活中的人们，我们也要明白，其实，所有的坏事情，只有在我们认为它是不好的情况下，才会真正成为不幸事件，只要能够从坏中看好，采取有效的措施扭转这个趋势，耐心地找准一个方向，就一定会别有洞天。这样不仅能解一时之围，更能找出你自身存在的问题，使自己赢得更持久的能力。

我们发现，那些成功者，无不是经受了无数磨难，练就了一身功夫，所以他们才能在关键的时候，不让自己走入山穷水尽的将死之路，而是慢慢地将死路走成活路。我们常告诫自己和他人要把握和抓住机遇，其实，我们更应该为自己创造机遇，只有积极努力、做足准备，才能张开双臂，在机遇来临时扑个满怀。

罗蒂克·安妮塔对于英国的家庭女性来说，大概是家喻户晓的一个人，因为她曾经也是一位家庭主妇，后来创办自己的公司——美容小店连锁集团，进而成为英国著名的女企业家。

安妮塔出生于意大利，毕业于面向贫民子女的牛顿学院，婚后，她的日子过得并不宽裕。

为了改善经济状况，安妮塔决定自己创业。婚前，安妮塔曾有过一次长途旅行——南太平洋，她对土著居民使用的以绿色植物为原料的化妆品产生了浓厚的兴趣，她采集了不少天然化妆品原料。她认为天然化妆品是一种行业优势，绝对比那些化学化妆品更受欢迎，而当时最大的问题是她如何找来4000英镑的资金，唯一的办法只能是求助于银行贷款。

安妮塔带着两个女儿来到银行，并陈述了自己的难处，但最终被拒绝，因为经理认为银行不是慈善机构，拒绝了安妮塔的贷款要求。

但是，这并不能让安妮塔打消创业的念头，她积极寻求解决办法。一个星期之后，她穿上特制的西服，俨然一副商界女士的打扮，再次来到银行。她还准备了一大摞文件，包括可行性报告和房产凭据等。文件中把她筹划的小店包装成世界上最好的投资项目，把自己美化成具有丰富经验的化妆品专业的商界奇才。这次她改变了策略，用商业银行的游戏规则——越有钱的人越容易借贷——来与银行周旋。

那位银行经理在一周之前根本没有把安妮塔放在眼里，所以没认真注意她。这次改头换面再来时，竟没认出她来。安妮塔的资历通过了银行的审查，很顺利地贷到了4000英镑，这笔钱成为她非常重要的启动资金。

1976年3月27日，安妮塔的美容小店正式开张。由于此前《观察家报》报道了她开店的情况，结果该店一炮打响，顾客盈门，第一天的收入就达到130英镑。

此后，安妮塔的小店生意越做越好，分店开得也越来越多，她的小店变成了遍布全球的大企业，许多抱有像她一样愿望的家庭主妇，加盟她的连锁集团后成为百万富婆。

其实，无论做什么事，都不可能一帆风顺，失败者选择了放弃，所以他失败了；成功者选择了坚持和面对，所以他在挫折中获得了成长。

洛克菲勒曾说：“我总设法把每一桩不幸化为一次机会。”的确，任何一个人，任何一家企业，都有可能遇到危机，都有可能遇到不幸，我们如何看待不幸，如何处理危机，直接关系到我们能否寻找到出路。可以说，洛克菲勒的创业史处处充满了危机，他曾面对资金危机、炼油厂失火、政府污蔑等，但最终，他都凭强大的自信、强有力的危机处理能力让企业转危为安。

英特尔公司前CEO安德鲁在经历价值五亿美元的有缺陷的英特尔奔腾芯片必须被召回并更换的灾难性事件后，在其自传《只有偏执狂才能生存》一书中说到，商业成功饱含自身毁灭的种子。因为商业环境变化不是一个连贯的过程，而是一系列亮点或者“战略转折点”，一个公司运营的基础突然发生变化并且没有预先的警告，这些点的出现可能意味着新的机会或者是终点的开始。

人们在做一件事情的时候经常会因为方法不当而走入死路，这时候，转换一下思路，就能让死路变成活路，有的人不知道如何转变，只是一味地按照原来的思路走，这样就容易让自己的路越走越窄，甚至出现无路可走的情况。

唯有行动，才能让我们释放潜能

一只鸟的翅膀再大，如果不努力挥舞，又怎能展翅高飞呢？一个人的才能再高，如果不努力拼搏，又怎能走向成功呢？一个国家的物产再丰富，如果不努力发展，又怎能屹立于世界民族之林呢？这一切都说明：再伟大的目标也要建立在行动的基础上。其实，对于梦想的实现也是如此，每个人的内心深处都埋藏着黄金，但唯有行动，才能让我们释放潜能、让我们发光发热。

然而，实际生活中，人们都想成功，但却很少有人愿意为成功付出努力。而那些成功者之所以会成功，是因为他们即使害怕也会行动，而大多数人正是因害怕而没有作为。约翰·沃纳梅克——美国杰出的商业家这样说过：“没有什么东西你是想得到就能得到的。”成功的人与那些蹉跎人生的人的最大区别，就是——行动！如果你能追溯那些成功人士的奋斗之路，你就会感叹：“难怪他会做得这么好！”怎么样的行动能获得最大的成功呢？是马上行动！只要你敢于迈出别人不敢迈的那一步，你就能比别人快“半拍”，就能成为第一个吃螃蟹的人。

因此，我们每个人要想成功，就要认识到行动的重要性，就应该做到敢为人先。现代乃至未来社会，执行力就是竞争力，成败的关键在于执行。人生目标确定容易实现难，但如果不去行动，那么连实现的可能也不会有。没有行动的人只是在做白日梦，所以心动不如行动，勇于迈出行动的第一步，你成功的几率就会提高，而光想不做，那你将永远没有实现计划的可能。

索尼是日本的一家全球知名的大型综合性跨国企业集团。它是世界视听、电子游戏、通信产品和信息技术等领域的先导者，是世界最早便携式数码产品的开创者，是世界最大的电子产品制造商之一、世界电子游戏业三大巨头之一、美国好莱坞六大电影公司之一。

从20世纪50年代开始，索尼公司不断推出一些市场上不曾有过的产品，如电晶体收音机、电晶体个人专用电视机等，索尼在市场上一直具备先锋带头作用，他们研发出来的每一种产品，都会成为其他企业模仿的对象，所以，要想保持他们在行业内的优势，就必须不断创新。

一次，总裁盛田昭夫来到公司，看到一个员工手上拿着一个手提式录音机，好像不大高兴的样子，盛田昭夫问他有什么心事，他说："我喜欢听音乐，可提着听太不协调了。"一个创意很快来到盛田昭夫的脑子里——制造一个随身能够听的录音机。在一次产品策划会议上，这个创意不受大家欢迎，但盛田昭夫坚持尝试。不久，第一架带着小型耳机的实验品送来了，灵巧的尺度与高品质的音效使他很开心。1979年索尼推出第一台随身听。

很快，市场验证了盛田昭夫的决定是明智的，这类小型收音机简直是供不应求，并且，他们借助广告来刺激销售，而且试制了不同机型如防水、防尘机型，甚至有更多改良的机器型号。当然其效果是明显的，著名指挥家卡拉扬、音乐名家史坦恩都找盛田昭夫订购。也许正因为如此，索尼公司才跻身于全世界最大耳机制造商之林，在日本也占有将近50%的市场。

这样一个全新的市场，还担心别人的竞争吗？在他人已经涉足甚至做得如火如荼的行业里努力，远不如独自开辟一个市场更容易成功。比尔·盖茨曾经说过："微软处处领先，靠的就是不断地更新。我们要做第一个吃螃蟹的人，就要保证我们自己而不是别的什么人将我们的产品更新换代。对于一个企业来说如此，对个人来说也是如此。"

不难发现，我们生活的周围，很多人都对未来做出了各种各样的构想，但真正执行的人，却少之又少。其中的一个原因是追求完美，坐等条件具备。

人间的事情没有一件绝对完美或接近完美，如果要等所有条件都具备以后才去做，只能永远等待下去了。如果一个人一直在想而不去做的话，根本成不了任何事。

总之，你需要记住，千里之行，始于足下；不积跬步，无以至千里；不积小流，无以成江海。凡事要想做大，都得从小处做起，从眼前最基本的事物做起。即使一个人心里有远大的理想，却不愿意一步一步去努力，那他永远也不会有美梦成真的那一天。

心中的畏惧，会剥夺一切可能性

人的心理倾向选择安全、舒适和熟悉的环境，世界上很多脑筋好的人，不一定万事皆成，因为他们都以理论来解释人生，在没有进行任何尝试之前，自己就先退缩了。

生活中，没有人一帆风顺，年轻人在逐步走向成熟的过程中，总会遇到一些比较困难或者自己不愿意做的事情，有些人会知难而进，强迫自己去接受挑战，而更多的人却都是采取逃避的态度，把它无限期地往后搁，最终一事无成。

美国有一位寿险业的销售冠军，在被问到如何销售保险的时候，他说在大学的时候，全校几乎所有的美女都跟他约会过。问的人很纳闷：“这跟保险有什么关系？”

他回答说：“很有关系，因为这些所谓的校园美女，大部分的男生都不敢追求她们，他们都是被动的，都怕被拒绝。”但是他知道，这些美女都是很寂寞的，他不断地主动出击，因此每次都能奏效。

正因为他跟学校所有的美女都约会过，所以当他从事保险业的时候，他想，这些成功的人士，大家一定都不敢去拜访，或者认为他们已经买了保单。

然后，他不断地主动出击，不断地拜访他们，说服了这些董事长购买保单。董事长的朋友也都是成功人士，这些成功人士不断地介绍朋友给他，因此他成了保险业的佼佼者。

这件事告诉年轻人：不论做什么事，都不能在未开始行动之前，先在自己心里打了退堂鼓。行不行，你都要试过了再说，凡事只有主动出击，才可能有好的结果。

琼斯大学毕业后如愿以偿地到当地的《明星报》任记者。这天，他的上司交给他一个任务：采访大法官布兰代斯。

第一次上班就接到如此重要的采访任务，琼斯不是欣喜若狂，而是愁眉不展。他想：自己任职的报纸又不是当地的一流大报，自己也只是一名刚刚出道、名不见经传的小记者，大法官布兰代斯怎么会接受我的采访呢？同事史蒂芬得知他的苦恼后，拍拍他的肩膀，说：“我很理解你。让我来打个比方：你现在好比躲在阴暗的房子里，然后想象外面的阳光多么炽烈。其实，最简单有效的办法就是往外跨出第一步。”

史蒂芬拿起琼斯桌上的电话，查询布兰代斯的办公室电话。很快，他与大法官的秘书接通了电话。接下来，史蒂芬直截了当地提出了他的要求：“我是《明星报》新闻部记者琼斯，我奉命采访法官，不知他今天能否接见我？”站在旁边的琼斯听了吓了一跳。史蒂芬一边打电话，一边向目瞪口呆的琼斯扮鬼脸。接着，琼斯听到了他的答话：“谢谢你。明天1点15分，我准时到。”

“瞧，直接向他说出你的想法，一切问题都解决了。”史蒂芬向琼斯扬扬话筒，“明天中午1点15分，你的约会时间不要忘了。”一直在旁边看着整个过程的琼斯面色放缓，他终于明白，有许多事情其实很简单，只是我们自己把它想得过于复杂了，因此也就丧失了机会。

如果有一件事应该去做而你一直在犹豫，那么单刀直入是最简明的办法，做来不易，但很有用。而且，第一次克服了心中的畏怯，下一次就容易多了。美国前总统罗斯福说过：“我们唯一需要害怕的，是害怕本身。”心中的畏怯，使我们在做一些新事情的时候总是犹豫不决。人的心理倾向选择安全、舒适和熟悉的环境，只有具备成功素质的人，才可以冲破这种心理的束缚。

杨兰还不到30岁，已经是一家名牌服装店的老板。她来自贫穷的山区，大学毕业后放弃了回家乡工作的机会，毅然留在省城，当过记者，摆过地摊，开过服装店。一次偶然的机会，她认识了一位皮尔·卡丹代理商，信心百倍的她东挪西借筹款，在省城闹市区租个门面撑起了一个专卖店。创业之初，她吃住在店里，为了支付昂贵的租金，她有时一顿饭用一块大馍充饥。热情周到的服务终于让专卖店里有了络绎不绝的顾客，虽然生意红火了，但她没下过一次饭店，未买过时尚衣服，仍过着节俭的生活。渐渐地，她口袋里的钱像滚雪球一样一天天地多起来。一年前，她竟把左右邻店兼并过来，同时还招聘了6名员工。已成款姐的杨兰不无真诚地说："都市里到处都能掘到黄金，关键是你要选择好自己的生活方式，别像城里的人那样，在下岗的风雨袭来时感到手足无措，什么也不去试，整日只哀叹命运不济。"

其实，只要细心地观察一下四周，你就会发现，在都市的角角落落，确实生活着生命力很旺盛的外地人。他们大都干过很多行业，并且永不言败，以顽强的生存能力有滋有味地生活着。而那些一生下来就有了城市户口的城里人，在失去铁饭碗之时，却连一条求生存的路也找不到。因为不愿意也不敢去做，他们仅剩的一点儿生存能力也退化了，已经无力面对外面激烈的竞争。

有些年轻人，人还没老，心却已经老了。采取任何行动之前，他们会想象一切负面的结果，焦虑不安、遇事拖延、按兵不动。这种人必须训练自己，在考虑任何事情时，列出清单，同时列出利与弊、改变与维持现状的差异，控制心中的恐惧，让自己变得更有行动力。我们唯有不断拓展生存空间，不断地刷新自己，才能在行动中谋求适合自己的发展方式。

第六章

我会适度转弯，人生不能一条路走到黑

反其道而行，尝试倒过来看风景

前几年在股市大幅震荡的过程中，有一个流传很广的故事：某证券公司年终盘点，发现几乎所有的散户股民全都亏钱，唯独有一个散户不仅没亏钱，而且每一笔买卖的时机都恰到好处，每一笔都赚钱。大家对这个散户“股神”都很好奇，后来才发现原来竟是证券公司门口看自行车的老太太。大家大跌眼镜，纷纷向她取经。老太太笑着说：“我的行情线就是门口的自行车。自行车少了，证明股市萧条，于是我就买进；当自行车多了，证明股市热火，于是我就卖出。”大家听了，都慨叹不已。其实老太太用的是“反其道而行”的逆向思维法，或者叫求异思维，就是当大家对于某件事、某个现象都朝着一个方向去思考时，自己却独出心裁、另辟蹊径，朝相反的方向去思考问题，并寻求解决的办法。这种思维方法常常能够获得出人意料的结果，令实施者从一大批竞争者中脱颖而出，大获全胜。

反其道而行之的思维方式早在公元前5世纪时就被载入代表着古人杰出理财思想的《史记·货殖列传》中，被司马迁奉为出奇制胜的重要谋略之一。而放眼当今世界，反其道而行之的逆向投资和操作策略也成为众多成功者成就传奇事业的法宝之一。世间万物都有正反两面，正面可以转化为反面，反面也可以转化为正面，而大多数人的固定思维方式决定了人们常常从事物的正面去看待问题、分析问题，寻找解决问题的方法。假如行事者从事情的反面来思考问题，一改传统路线，采取“出其不意、攻其不备”的行为方式，就可以令对手防不胜防、自乱阵脚，同时也使得自己迅速吸引他人眼球、抢占先机，夺取主动权。

在现代社会，广告已经成为企业宣传产品、开拓市场、赢得竞争的一项重要经营策略，要想打开市场销路、增加产品销量，不做广告几乎成为不可能之事。然而，在现代美容界，就有这样一位反其道而行之的大胆创意者——被称为“魔女”的英国人安妮塔。

1971年，安妮塔贷款在布里顿开了第一家美容小店，但是由于资金短缺，她手中并没有做广告的预算支出。这时，安妮塔收到一封律师信函，是附近的两家殡仪馆委托律师告诫她，立刻搬离此地，或者改变美容店的外观，因为这样一个时尚新潮的小店开在殡仪馆附近，会破坏其庄重肃穆的气氛，影响他们的生意。安妮塔灵机一动，打了一个匿名电话给《观察晚报》，声称黑手党经营的殡仪馆正在恐吓一个可怜的弱女子——罗蒂克·安妮塔，并说这是一个能够引起读者兴趣、扩大报纸销路的独家新闻。《观察晚报》果然上钩了，它在显著位置报道了这一新闻，使得不少热情仗义的顾客前来安慰、支持安妮塔，并成为她的首批顾客。就这样，安妮塔没花一分钱广告费，却一炮打响、顾客盈门。

后来，安妮塔事业做大后，决心进军美国。美国广告商纷纷主动上门要求提供服务，因为他们知道，在美国若是不做广告，企业可以说是寸步难行。但是尝到甜头的安妮塔毅然拒绝了他们，她认为既然人人都做广告，那么在众多的广告中，她只不过是其中不起眼的一个。于是安妮塔依然决定采取反其道而行之的策略，高调宣扬她坚决不做广告的决心，这在当时美国人的眼中，绝对是一个离经叛道的大胆作为，因此美国媒体纷纷加以报道，并请众多专业人士加以评论。这下，无论是支持称赞的人也好、看热闹的人也好，总之安妮塔成为众人瞩目的焦点，她的小店也名声大振，吸引了大批顾客。

就这样，安妮塔凭借其独特的经营理念，别出心裁、标新立异，使自己的美容小店发展成为跨国连锁美容集团，并且使自己成功跻身于世界十大富豪之列。

每个企业都在为自己的产品做广告，那么无论你的广告做得有多么出彩，也不过是芸芸中的一员。与其这样，不如以相反的方式行事，高调宣扬自己不做广告，反而吸引大量媒体关注自己，这不就是最好的广告形式吗？所以安妮塔成功了，而具有逆向思维能力也是众多名人成功的因素之一。琵琶可以反弹，算盘也可以反打，只要能够达到目的，违反规律、逆势而行，也未尝不是明智之举。

所以，当正面思考难以取得进展时，不如突破传统观念，反其道而行，以多样化、立体化的思维方式来寻求解决问题的途径，说不定可以令你茅塞顿开、豁然开朗，使得事情柳暗花明，再现生机。

适时而退，能赢得更大的空间

春秋战国时期，楚国包围了郑国，晋国派荀林父、士会、先縠前去救援。后来听到楚国与郑国结盟的消息，两军实力悬殊，荀林父便建议放弃攻城，等到楚国回去后再进攻郑国也不迟。士会赞成说："见可而进，知难而退，军之善攻也。"但是先縠不同意，他认为见到对手实力强大就临阵退缩，不是大丈夫所为，坚持出战，最后被打得溃不成军，惨遭失败。

由此可见，"知难而退"这个成语原本并不是一个贬义词，而人们如今却常用以嘲讽那些一遇到困难就退缩不前之人。"知难而退"与"迎难而上"这两者中，人们自然赞赏那些胸怀大志、积极向上、不屈不挠之士。然而急流勇进、奋力拼搏固然可歌可泣，但是知难而退也并非都是懦弱之辈的所作所为。人们的主观努力固然重要，但若是脱离了客观实际，不顾自身现实情况，只凭一介蛮力，埋头苦干，不仅无法实现自己的理想目标，反而会“劳民伤财”、得不偿失。

“迎难而上”是一种积极的人生态度，也是一种优秀的人格品质，但是斟酌形势、正确地做出知难而退的选择则更需要勇气和自知之明。无论是个人的前途，还是一个企业或公司的发展，若是未来并不乐观，与其一味坚持到底导致更糟的结果，还不如果断地选择退却，重新来过。犹太人在进行一项投资时，常常会制订三套计划：分别是一个月、两个月和三个月。若是前两个月没有收到效益，他会继续追加投资，因为他知道事实与计划多少会有出入，而效益也需要时间来证实。但是若是三个月过去了，依然没有进展，并且看不到未来有任何明确的改变迹象，他就会毫不犹豫地停止投资，放弃这项事业。对于这种转变，犹太人非常坦然，因为他们知道，既然投资已经没有希望，那么停止亏损就是赢得利润，同样具有意义。这种“退却”并不是懦弱，而是大智慧与大勇气。有的时候，“退”比“进”更有意义，一味盲进只会带来更大的损失，而适时而退则能赢得更大的空间。

一家著名的公司招聘企划部主任，经过层层面试，最终有五人进入最后一轮的角逐。

当时有这样一道考题：现有30万元资金，你要去进行一个1000万元的投资项目，该如何运作?

几位竞争者积极开动脑筋，提出了各种各样的奇思妙想，他们慷慨而言，主考官颔首而笑。到了最后一人时，他缓缓地站起来，语出惊人："我建议放弃这样的一项投资。因为这实在是太难了。"

此言一出，顿时嘘声四起，只有主考官双目炯炯有神地盯着他说："这是你深思熟虑之后的决定吗？"

"是的。"那人斩钉截铁地说，"因为我仔细研究了这一项目，用30万元资金要完成1000万元投资，不仅纯属天方夜谭，而且若是一定要进行这一项目的话，必定会给公司造成极大的震动和许多不必要的麻烦。为了配合这一项投资，公司或许要停止和影响其他工作的进行。所以，没必要去啃这块硬骨头，30万元可以转而进行其他投资，只要计划可行，一样可以获得利润。"

话音未落，主考官满面笑容地站起来，说："太好了。我们不仅需要勇士，更需要智者。一个部门的决策者，能够审时度势、知难而退，比一味蛮干要可贵得多！"

主考官的最后一番话可谓是"点睛之笔"，道出了"知难而退"在企业决策中的可贵之处。在人生的旅途中，人们会遇到各种各样的抉择，若是不冷静地思考、明智地判断，而一味逞能、逞一时之勇，非要“迎难而上”，则有可能遭受惨痛的失败。所以，智者的知难而退并不是一种懦弱，而是对人生冷静的思考之后作出的明智抉择。“行于所当行，止于所不可不止”，就是告诉我们要在该前进时奋力前行，而在无法前进时也要知难而退。把握好“进”与“退”之间的度，才能在成功的道路上一步一个脚印，踏踏实实地前行。

多角度看问题，绝不随波逐流

日常生活中，可能我们都有这样的感触：对于那些已经经过前人证实的观点或者众人都认同的思想，我们通常会本能地接受、省略思考的过程。而事实上，如果一个人总是有从众心理的话，那么，他最终会变得随波逐流、毫无创新意识和创新能力，进而一事无成。

松下幸之助曾经说过：“今日的世界，并不是武力统治而是创新支配。”一个小小的改变，只要能跳出传统守旧的观念，将自己思想方式巧妙地变一变，往往就会产生意想不到的效果。还记得那个引起诸多争议的人物拿破仑吗，他可谓是当时欧洲政坛最没“规矩”的人物了。

他从政没有规矩：一个没有贵族血统、没有门第背景的人，依靠娶了一个有钱的寡妇，挤进了法国政坛。他打仗没有规矩：别人都是列着队敲着鼓走到跟前了再放枪，可他打仗是先用大炮轰，然后再让骑兵冲上去一顿乱砍。他曾下达过一条著名的指令："让驴子和学者走在队伍中间。"在拿破仑的远征军中，除了2000门大炮外，还带了175名各行业的学者以及成百箱的书籍和研究设备。他用人没有规矩：除了法国，当时没有任何一个欧洲国家的元帅是鞋匠、木工、小摊贩，可他的26位元帅中，有24位出身于此类平民。他甚至连加冕都没有规矩：别的皇帝都是跪下让教皇把王冠给他戴上，他竟然是站起来抓过王冠，自己给自己戴上的！

如同当时欧洲的贵族们怒斥的那样：拿破仑这个土匪是世界上最没有规矩的人！但他成为了蜚声于世的拿破仑，成为一代代军事迷追逐的神话。规矩是一种标准、法则和习惯，合乎标准和常理的人总是规矩最忠实的践行者，但他们终生踏着别人的脚印走路，毫无创意可言。

人们常说："创新始于天才。"其实，这话应该颠倒一下，"天才始于创新"才合乎情理。"天才"与大家一样，原本都是普普通通的人，重要的区别就是他们敢于创新、敢于寻找自己的"活法"罢了。

5岁的小姑娘刘明明，是北京某机关大院里的孩子王，常常被幼儿园阿姨追到家里找父亲告状。带着一群小朋友爬树偷摘园里刚刚成熟的苹果，替被外班同学欺负的小伙伴打抱不平，反正每样闯祸的事情都和她脱不了干系。

将近半个世纪之后，福伊特造纸技术（VOITH PAPER）中国区总裁兼首席代表刘明明，坐在她上海的办公室里回忆童年："我从小胆子就大，而且敢作敢当，性格特别像男孩子。"事实上，刘明明今天仍然是一位以"大胆"给人留下深刻印象的女总裁：为了上亿美元的大项目敢和顶头上司针锋相对，在意见不同时敢于坚持，力排众议说服犹豫不决的集团总部给中国市场重新定位，甚至她最初获得"首席代表"的身份也颇有些传奇色彩："他们最早想让我做副手，我说，我自己去和董事会谈。"

从一个捣蛋鬼、小女子到一位身价不菲的女总裁，正是她身上那股敢于说"不"的勇气，让她跻身于成功者的行列。那么，生活上的你，是否曾经也是那个经常被欺负的小孩？如果你还揣着成功梦，你就必须学会说"不"。

其实每个人都有自己的创新意识，有的时候只是处于隐蔽状态，未曾开发出来而已。因此，新时代的人们，只要你敢于突破常规、敢想敢干，一样能够突破自我。

杰出的创意是获得成功的可靠保障，良好的思维胜于健全的体魄。成功是从"想"开始的，只有敢"想"，会"想"，并"想"出结果，才会是成功者的候选人。

为此，在追求成功的人生道路上，你首先懂得反省，及时悬崖勒马。

当我们的思维活动遇到障碍，陷入困境，难以再继续下去的时候，往往都有必要认真检查一下：我们的头脑中是否有某种定式思维在起束缚作用？我们是否应该换个角度去看问题了？

其次，你要善于变通，敢于尝试。变通思维是创造性思维的一种形式，是创造力在行为上的一种表现。思维具有变通性的人，遇事能够举一反三，闻一知十，做到触类旁通，因而能产生种种超常的构思，提出与众不同的新观念。科学领域中的任何建树，都需要以思维的变通为前提。一般来说，变通思维用好了，就会起到一种“柳暗花明”的奇妙作用。

培养独立思考和创新意识，不断进取

我们不得不说，人类社会发展到今天，是否拥有动手能力和创新精神已成为一种判定人才的标准，这更是一种时代精神。现代社会，我们都强调要创新，任何重大成果的发现，都离不开创新意识的发挥。

也就是说，我们任何一个人，都应该培养自己的独立思考能力和创新能力，只有这样，你才能够做到不断进取。

很久以前，几乎所有人都认为只有硬件才能赚钱，哈佛学长比尔·盖茨是第一个看到软件前景的商人，而且“以软制硬”，把其软件系统应用到所有的行业或公司。微软开发的电脑软件的普遍使用，改变了资讯科技世界，也改变了人类的工作和生活方式。人们把盖茨称为“对本世纪影响最大的商界领袖”一点也不过分。现在，传统经济已让位于创造性经济。美国统计表明，2016年年底，只有31万员工的微软公司，市场资本总额高达6000亿美元。麦当劳公司的员工为微软的10倍，但它的市场资本总额仅为微软的1/10。尽管21世纪依然有汉堡包的市场，但其影响和威望，远不能同微软相比。

微软还是第一家提供股票选择权给所有员工作为报酬的公司。结果，微软创造了无数百万富翁甚至亿万富翁，也巩固了员工的忠诚度，减少了员工的流动。这一方法被别的企业竞相采用，取得了巨大的成功。

微软处处领先，靠的是什么，就是创新。要最大限度地发挥人的潜能，就不要受制于自缚手脚的想法。成功者相信梦想，也欣赏清新、简单但很有创意的好主意。

我们再来看这样一个财富故事：

20世纪40年代，南美洲的很多方糖都是由美国进口的，因此，美国制糖也有很多制糖公司，但对这些公司而言，他们一直有个苦恼的问题，那就是运送过程中，都会因方糖在海运途中受潮造成巨大损失。为了解决这些问题，这些公司曾经请了很多专家研制解决方法，但都没有效果。

后来，运送方糖的轮船上有个年轻的工人却用最简单的方法解决了这一难题：在方糖包装盒的角落戳个通气孔，这样，方糖就不会在海上运输时受潮了。

这个方法被运用到运送方糖上，为这些制糖公司减少了几千万美元的损失，而且这个方法的最大的好处是，不需要什么成本。

这个年轻的工人也是个有头脑的人，他马上为该方法申请了专利保护。后来，他把这个专利卖给各大小制糖公司，成了百万富翁。

后来，又有个日本人，他从这件事中得到启发，他发现，这一方法不仅可以用于制糖包装盒上，还可以放到其他很多方面，比如，在打火机的火芯盖上也钻个小孔，能够大量延长油的使用时间。而他也凭着这个专利发了财。

从这个故事中，我们发现，很多时候，小小的创新都能带来很大的财富。这也就是为什么成功者总是说财富是“想”出来的。人不但要养成思考的好习惯，还要始终坚守自己的独立思想，同时扩展思考的范围，开阔思路，扩展思维，这样才会更好地、更大限度地获取有益的信息，促成自己获得辉煌的成就。

相反，无论做什么事，总是在别人用过的套路里打转转只会局限自己，因为当经验在大脑里越积越多，甚至形成一种思维定式的时候，就会形成思维僵化，就做不到创新。

法国心理学家约翰·法伯曾经做过一个著名的实验，他把许多毛毛虫放在一个花盆的边缘上，使其首尾相接，围成一圈。在花盆周围不远的地方，他撒了一些毛毛虫喜欢吃的松叶。毛毛虫开始一个跟着一个，绕着花盆的边缘一圈一圈地走，一小时过去了，一天过去了，又一天过去了，这些毛毛虫还是夜以继日地绕着花盆的边缘转圈，一连走了七天七夜，它们最终因为饥饿和精疲力竭而相继死去。其实，如果有一个毛毛虫能够破除尾随的习惯而转向去觅食，就完全可以避免悲剧的发生。后来，科学家把这种喜欢跟着前面的路线走的习惯称为“跟随者”的习惯，把因跟随而导致失败的现象称为“毛毛虫效应”。

这个效应告诉我们，盲目地跟随他人不一定有好结果，我们的生活需要创造力。创造力是指产生新思想，发现和创造新事物的能力。生活中的年轻人，都是未来社会的主人，应当具有锐意变革的精神，才能始终使自己处于竞争中的有利地位。

知识社会的秘密就在于创造力。创造力在一个人的成长和奋斗中都起着非常重要的作用。因此，任何一个青少年朋友，都要在日常生活和学习中多注重培养自己的创新意识和创造能力，最终将自己历练成为一个创造型人才。

做事有主见，但也要善听人言

做事应该有主见，但也要善听人言，别人的话，如果正确就应该听信，不能固执己见，但是听信人言也是应该有原则的，不能偏听偏信，更不能在别人的意见中丢掉了自己的主张和意见，丢掉了自己应该坚持的信念。

成就自我，首先要相信自己，其次要善于整合众人的智慧，把别人的思想、意见、优点都变成自己的，这样才能在复杂的形势下，对情况有更客观清醒的认识，才能够按规律做事，最终才能有成就。善听人言，最重要的不是不固执己见，听别人的话，而是要弄清楚下面几个问题：听谁的话？相信怎样的预测？怎样听信别人的意见？怎样整合不同的意见？解决好了这些问题，才算“善”听人言，才能够在杂乱而茫然的意见中，找到一丝头绪，才对做事有好处。

第一，听谁的意见？听亲朋好友的话？听周围朋友的劝诫？听领导的话？往往对于一件事来说，不同的人有不同的意见，不同的人有不同的处理方法，而各种处理方法的结果千差万别。如果你没有自己的意见，而茫然听信周围人的话，就可能使自己无所适从，最终事情也做不好。

当你就一件事情征求意见的时候，你最好选择好对象，我觉得你要听那些做人做事做得比你优秀、比你成功的人的话。因为一个人做事成功，肯定有自己一套与众不同的为人处世的方法，这些规律和方法使他们的决定更靠近客观情况，更靠近事实真相，最终变得更优秀、更成功。向他们请教意见，往往能够得到很好的办法，给你不少启发和指导。

当然“智者千虑，必有一失”，除此之外，你还应该听听那些与他们看法不同，但同样很优秀的人的意见。这些相左的意见，会给你很多启发，或者教你在看到事情积极一面的同时意识到风险，对于你作决定有很大的助益。

第二，遇到相左的意见怎么办？你的做法就是要先坚持己见，然后找到理由来支持你的想法，找到的理由越多、越客观，有越多的事实根据，你作的决定越正确。

而如果别人找到了更多的理由和事实依据来反对你的意见，你就要注意了，这说明你作的决定正处在一个极大的矛盾当中，既有很大的可行性，又有极大的风险。要知道在某个新行业的最初阶段，总是高收益和高风险并存的。你既要坚持可行，又要避免风险，还要衡量收获和风险哪个更多一些，你是否能承受，就算能够承受，也要准备好遇到阻力后可以实施的第二套、第三套方案。

如果感觉自己的决定似乎欠妥时，就要更加谨慎，听取更多人、更优秀人的意见，最终用事实来说话。不要盲目地“少数服从多数”，也不能坚持“真理掌握在少数人手里”，如果可能，听取更积极的意见，用最谨慎的态度来做有风险、有矛盾的事。就算失败了，也要总结好经验，看看哪个环节出了错误，不能一味否决当初的决定。

第三，怎样整合不同的意见？每个人对事情都有不同的看法，可能你决定一件事的时候，周围人都会通过不同的方法来反映他们的意见。

你有必要确定一个最终要达到的目标，有一个大概的方向和方略，围绕大概的方略，听取各方面的意见。方向必须是明确的，环节可以补充，当然这是在大方向正确的前提下进行的。反对意见也可以作为一种防范措施，支持意见可以积极采取，补充意见有必要采纳。这就是集众人智慧于一体、招贤纳谏的真正做法。既不要偏听偏信，也不要坚持己见，让事情按照最接近客观规律的方法来做，用最积极的态度来完成，就是最好的做事方法。

做事情不要固执己见，如果别人能够提出更好的方法，那就不妨听取别人的意见。古代的贤君每个人身边都是有众多“谋士”的，如果能够听取别人正确的意见，那也会聚集更多的智慧，把事情处理得更加完美。“走自己的路，听别人的话”才能有更高的成就，坚持相信自己并没有错，但是相信更多的事实，采取更多的防范措施，不是可以使自己做的事情有更多的保障、有更好的准备吗？

固执己见常常是刚走上社会的年轻人身上的一处硬伤，只有当你慢慢变得成熟、圆融，才可能考虑得更周到、更严密，最终才能体会到“三人行，必有我师焉”的含义。做事才能更严谨，更接近完美，在这之前，“善听人言”的心态就是一种成熟、思虑周密的好心态。

学会思考，要拥有自己的态度和观点

前些年，林博士的红薯疗法一时之间盛行起来，导致红薯价格越来越高，也导致很多身患重病的人放弃治疗只吃红薯，盲目丧命。为此，林博士锒铛入狱，不过种了红薯的农民伯伯却发了一笔小财。然而，那些失去生命的病患，再也没有机会让自己的生命重新来过。后来，又有一个自称是食疗博士的张悟本，提倡人们生吃茄子，喝绿豆水，也间接导致农产品价格波动。虽然这些博士如此不负责任地提出各种方法实在可恨，但是民众对他们盲目追随，也是不可取的。即便是在现代社会，也依然有很多人盲目追随学术权威、经济大师，甚至还会把那些在电视屏幕上混了个脸熟的明星的话也视为圣旨。那么，我们的选择呢？我们的选择在哪里？

人生，总是充满着各种各样的选择，可以说，人就是在选择中不断成长起来的。我们在进行选择之前要认真地思考，一旦发现自己的选择错了就积极反省、改正错误，由此一来，我们才能更加迅速地进步。哥白尼作为科学的捍卫者，在提出“太阳中心说”之后，即便面对权威的质疑和死亡的威胁，也没有改变自己的观点。最终的事实证明，真理掌握在少数人手中，只有坚持捍卫真理，我们才能真正地赢得真理。虽然我们只是普通人，但是也经常面临人生的选择。作为一个独立的人，我们要学会思考，要拥有自己的态度和观点，千万不要一味地附和别人。唯有如此，我们才能活出属于自己的精彩人生。

战国时期，燕国有个年轻人听说赵国的都城邯郸的人都气宇非凡，尤其是走路的姿态不急不缓、潇洒高雅。因而，年轻人决定去邯郸学习赵国人走路的姿势，让自己也变得优雅起来。尽管亲戚朋友都一直在反对他，但是他却背起行囊出发了。

到了邯郸之后，他瞠目结舌地看着大街上川流不息的人群。果不其然，那些人走路的姿态都非常优美。年轻人盯着一个和自己差不多大的邯郸青年看着，居然情不自禁地跟在青年后面朝前走去。青年迈出左脚，他也迈出左脚；青年迈出右脚，他也迈出右脚。久而久之，他失去了自己的步调，仓促地跟着邯郸青年朝前走着，步伐居然越来越乱。渐渐地，他甚至不知道到底应该如何迈步了。眼见着那个青年越走越快，年轻人只好回到大街上，继续向其他行人学习如何走路。看到年轻人这个样子，路上的行人纷纷驻足观看。他们对年轻人指指点点，有的人还窃窃私语、嘲笑不已，结果年轻人感到非常紧张。几天下来，年轻人累得浑身酸痛，依然没有学会邯郸人走路的样子。思来想去，年轻人决定彻底忘记自己走路的方法，一切从头开始。就这样，他又学习了几个月，但是最终却连路都不会走了。

随着时间的流逝，年轻人的盘缠渐渐花完了，他不得不回家。然而，他既没有学会邯郸人走路，又忘记了自己原本走路的方法，只好爬着回家了。

在这个事例中，年轻人因为羡慕邯郸人优美的走路姿态，所以就不由分说地赶去邯郸，学习邯郸人走路的姿势。他这样的盲从最终导致的结果是他只能爬着回家，就连自己原本不太优美的走路姿势都已经忘光了。不得不说，这位年轻人的做法得不偿失。

第七章

我要学会克制，自控将让我变成更好的自己

坚持原则，不被诱惑打倒

古往今来，凡是成功人士，往往都具有一个共性特质：善于自律，以达到某种目标。在我们追求梦想的路上，也充溢着形形色色使人难以抵制的名利诱惑，我们只有秉持一颗忠诚的心，才能坚持原则，不被诱惑打倒。

在如今南非的沙比亚丛林，依然生活着原始的西布罗族人。他们以捕猎为生，而对于捕猎，他们有着一套自己的方法：他们会在丛林的地上铺成一大片的胶泥地，再在上面放一只鸡或一只野兔，然后他们只需要安静地等待就可以了，因为在丛林之中生存的大部分都是食肉动物，看到这些兔子或鸡，自然会扑过来，然后一步步走入泥沼，越挣扎越深。而陷阱中的动物又会引来更多的动物。几天之后，西布罗族人抬来木板，铺在胶泥地上，轻而易举地将猎物收入囊中。

这些动物为什么跑进陷阱去自寻死路？原因很简单，在欲望的陷阱面前，它们迷失了自己。人类面临这样简单的骗局，又会怎样呢？答案还是很简单，大部分人同样会迷失自己，步入陷阱而不能自拔。

我们再来看下面这样一则寓言故事：

一只正在偷食的老鼠被猫逮住。老鼠哀求："请放过我吧，我会送给你一条大肥鱼。"猫说："不行。"老鼠继续说："我会送给你五条大肥鱼。"猫还是不答应。老鼠仍不死心："你放了我，以后我每天送给你一条大肥鱼。逢年过节，我还会拜访你。"

猫眯起眼睛，不语。

老鼠认为有门儿了，又不失时机地说："你平常很少吃到鱼，只要肯放我一马，以后就可以天天吃鱼。这件事情只有天知地知，你知我知，其他人都不知道，何乐而不为呢？"

猫依然不语，心里却在犹豫：老鼠的主意的确不错，放了它，我能天天吃到鱼。但放了它，它肯定还会偷主人的东西，胆子越来越大。我再次抓住它，怎么办？放还是不放？如果放，它就会继续为非作歹，主人会迁怒于我，把我撵出家门。那时，别说吃到鱼，就连一日三餐都没了着落。如果不放，老鼠或其同伙就会向主人告发这次交易，主人照样会将我扫地出门。如果睁只眼闭只眼，主人会认为我不尽职守，同样会将我驱逐出去。一天一条鱼固然不错，但弄不好会丢掉一日三餐，这样的交易不划算。

想到这些，猫突然睁大眼睛，伸出利爪，猛扑上去，将老鼠吃掉了。猫是聪明的，它的选择也是正确的。面对老鼠许诺的诱惑，它最终还是选择了一日三餐。一日三餐便是它的底线。猫当然希望一日一鱼，但连起码的一日三餐都保不住的话，一日一鱼便成了水中月、镜中花。

可悲的是，现实生活中的一些人，总是不安于现状的，他们并不是被那些“一日一鱼”所诱惑到，而是总有无止境的追求，于是，便在这所谓的追逐中失去了原本快乐的自我。

古人云：壁立千仞，无欲则刚。在诱惑面前，我们只有做到“无欲”，做到心理平衡，才能抵挡得住诱惑。具体来说，我们应做到：

1.坚定信念

信念是一股强大的精神力量，它能起到支持我们行动的作用，是我们不断努力的源泉，还可以让我们的内心穿上一层保护衣，从而屏蔽诱惑。所以，在遇到诱惑的时候，尤其不要放弃你心中的信念，因为它是你继续前进的动力和生存下去的支柱。

2.认清不良诱惑的危害

面对纷繁复杂的诱惑，人们必须保持足够的定力，认清它背后存在的各种危险。因此，当你彷徨的时候，不妨问问自己：“如果我做了这件事，会有什么后果？”“它是不是真的能带来成功呢？”“为此，我会失去什么？”多问自己几次，你就能权衡出利弊得失了。

3.做到专注于本职工作与慎微并行

抵制诱惑是一种意志和信念的较量。这需要掌握一种有力的心智盾牌——专注，唯有专注才能抵御诱惑。俗话说：“勿以善小而不为，勿以恶小而为之。”如果小事不注意，小节不检点，久而久之，必然会出大格。

美好人生，从自控心理开始

中国人常说，金无足赤，人无完人，的确，人最大的敌人是自己。只有能够战胜自我的人，才是真正的强者。很多时候，一个人是否有自控心理，是否有自控力，它的意义就如同汽车的方向盘对于汽车一样。不难想象的是，一辆汽车，如果没有方向盘的话，它就不能在正确的轨道上运行，最终也只能走向车毁人亡。而一个自控心理强的人，就像一个有着良好制动系统的汽车一样，能够在很大程度上随心所欲，到达自己想要去的任何地方。因此，我们可以说，美好人生，就是从自控心理开始的。

巴西球员贝利，被人们称为“世界球王”“黑珍珠”，在他还很小的时候，他就在足球上表现出了惊人的天赋。

有一次，贝利与他的同学刚打完一场比赛，已经精疲力尽，此时，他看到小伙伴在抽烟，就要了一根，这样能提神醒脑，然而，他抽烟的举动早已被站在远处的父亲看见了。

这天晚饭后，贝利正在看电视，父亲把他叫过来，然后很严肃地问："你今天抽烟了？"

"是的，爸爸。"贝利知道自己做错了事，但他不敢撒谎。

然而令他奇怪的是，父亲并没有发火，而是从椅子上站了起来，然后在房间里来回踱步，接着说："孩子，我承认，你在踢球上有点天赋，但抽烟对身体的危害极大，如果你继续抽烟，那以后恐怕是无法发挥出你的水平的。"

听到父亲这么说，小贝利的头更低了。

父亲又语重心长地接着说："我作为你的父亲，虽然应该管教你，但人生是你自己的，我只希望你搞清楚，到底是继续抽烟，还是做一个有出息的足球运动员？孩子，你已经长大了，该懂得如何选择了。"说着，父亲还从口袋里掏出一叠钞票，递给贝利，并说道："如果你不想做球员了，那么，这些钱你拿去买烟好了！"父亲说完便走了出去。

此时的贝利哭了，他知道父亲这番话的份量，犹如一记耳光打在自己脸上，他猛然醒悟了，他拿起桌上的钞票还给了父亲，并坚决地说："爸爸，我再也不抽烟了，我一定要当个有出息的运动员。"

从此以后，贝利再也不抽烟了，不但如此，他还把大部分时间都花在刻苦训练上，球艺飞速提高。他15岁加入桑托斯职业足球队，16岁进入巴西国家队，并为巴西队永久占有"女神杯”立下奇功。如今，贝利已成为拥有众多企业的富翁，但他仍然不抽烟。

欲胜人者先自胜！胜人者有力，自胜者强。谁征服了自己，谁就取得胜利。对自己苛刻，征服自己的一切弱点，正是一个人伟大的起点。大凡成功的人，都有极强的自制力。

当然，做到严格要求自己是需要自制力的，而自制力的培养是一个循序渐进的过程，因为自制力不可能是一念之间产生的，也不是下定决心就可以立刻形成的，其形成需要一个过程。如果你给自己规定从明天开始就要好好学习，一旦达不到目标你往往就会产生挫折感和无能感，丧失改变自己的信心。所以，你应把培养自制力融入日常生活中，而不要期望一蹴而就。

要想做到严格要求自己，我们需要做到：

1.认识到自制的重要

你要培养坚定的自制力，首先要从心里认识到自律的重要，然后才能自觉地培养。只有坚决地约束自己、战胜自己，最终才能战胜困难，取得成功。

2.为自己设立适宜的目标

你的自我期望要建立在符合自己的实际情况、切实可行的基础之上。作为社会未来的接班人，你应该有理想，有志向，但这种理想和志向，不能是高不可攀的，也不应当是唾手可得的，而应该是通过一定的努力，可以实现的适宜的目标，应该符合个人的个性特点和实际能力水平。

我们听过这样一句话“上帝要毁灭一个人，必先使他疯狂。”这句话的意思是，一个人，一旦失去自制力后，那么，他距离灭亡的距离也不远了。的确，一个人连自己的行为也不能控制，又怎么能做到以强烈的力量去影响他人，获得成功呢？

总之，失去控制的人生最终是失败的。唯有自制的人，才能抵制诱惑，有效地控制自身，把握好自我发展的主动权，驾驭自我。一个人除非能够控制自我，否则他将无法成功。

学会“控心”，远离冲动行事

生活中，我们每个人都需要有一定的自控力，自控力是一个人成熟度的体现。没有自控力，就没有好的习惯。没有好的习惯，就没有好的人生。所谓自控力，是指对一个人自身的冲动、感情、欲望施加的正确控制。然而，生活中，我们常常会遇到一些扰乱我们脚步的事，它会让我们产生各种情绪，或开心，或悲伤，或愤怒，或懈怠，如果我们跟着情绪走，不进行自控，那么，我们就可能会因为一时冲动而做出让自己后悔的事来。其实，要解决这一问题，我们首先要学会“控心”。我们在心情激动前，不妨先深呼吸一下，让自己冷静下来，这样，便能远离冲动、抑制激动，驶向开心的彼岸。

有一天，小林和老公去购物，两人走进一家裤行。

小林走向一位售货员，问："有靴裤吗？"售货员本来低着头，这时瞟了小林一眼，不耐烦地说："长靴还是短靴？"小林说："长靴。""中间一排。"小林看了看，看中一条绒布料的，就伸手去拿，忽然从背后传来了叫喊声："别拽别拽。"小林就停了下来。那个售货员一边给另一位顾客拿裤子，一边牢骚满腹："烦死我了。"随后鼻子不是鼻子、脸不是脸地对小林说："哪条？"一见那架势，小林着实有点生气了，但她深呼吸了一下，还是忍住了，觉得这不值得计较。只是她不买了。

她迅速地走向门口，丈夫正在那儿等她。正好，店主人也在门口，看见了刚才发生的事，便找了另一位售货员为小林服务，这个服务员说："您可真是海量啊，一般去她那儿买衣服的人没有不和她吵架的，您的修养可真是少见。"小林一听，倒也挺开心的。

小林面对这样的售货员，没有和她理论，而是先深吸了一口气，调整了自己的情绪，然后离开了，她获得了别人对她修养的肯定。这就是一种自控能力。其实，本应该如此，何必生气呢？和售货员斤斤计较，只会徒增烦恼。

无论遇到什么情况，激动都会使人做出失去理智的事，它给人带来的负面影响可能远远大于我们的想象，会给我们的生活带来深远的影响。

人在遇到一些或悲或喜的事情时，都会激动，并且很难一下子冷静下来，所以，当你察觉到自己的情绪非常激动，眼看要控制不住时，一定要及时地转移注意力，克制冲动的情绪。对此，我们可以尝试以下几种让自己的行为慢下来的方法：

1.放慢语速，调整心情

如果你在说话，你可以先试着让自己的呼吸均匀下来，然后作自我暗示："放松，冷静。"如果你的情绪很激动，那么，你不妨先闭上眼睛，然后想想让自己高兴的其他事情，并尝试着站在其他人的角度审视自己的行为，慢慢地，你就能冷静下来了。

你也可以尝试一下"数数"法。不过，这里的数数并不是按照常规数字顺序来数，因为这样做不会提升我们的理性程序，而应该打乱顺序，比如，1、4、7、10……这样一来，你就能渐渐冷静下来了。

描述法也许能帮到你。比如，你可以这样描述，"这个茶杯是黄色的……他穿的毛衣是黑色的……"数10～12项物体的颜色，之后你就会发现自己冷静多了。

2.理智思考，替换非理性的"自发性念头"

你要明白的一点是，真正让你产生不良情绪的是你自身的想法，而不是别人的行为。换句话说，决定我们情绪的关键，不是发生了什么事，而是我们如何解释事件。

例如，你可以告诉自己：“我知道我的能力是极佳的，不会因为你的一句话而受到影响！”这样自我暗示，愤怒自然无处可生，而会被其他情绪所替代。

3.你可以使用建设性的内心对话

既然想法是导致情绪的主因，容易动怒的人就应该加强内心的想法，准备一些建设性的念头，以备不时之需。例如，“不论如何，我都要平静地说，慢慢地说”“我才不会生气，生气就等于暴露了自己”等。

还有一点，就是在我们控制住冲动的情绪后，还要重新思考，为什么会有冲动的情绪，为什么自己不能从一开始就看开点，为什么不能很好地控制情绪，这样才能从源头遏制冲动，努力地打开心结。

总之，遇事先告诉自己要三思而后行是一种有效的转移激动情绪的方法，你应该反复地提醒自己，千万别立刻发泄，否则就会“伤”了自己，也“伤”了他人。

生活中令我们激动的事情实在太多了，这无可厚非，但我们必须要做到自控，最有效的做法就是先让自己放慢速度，而不是给自己加速（如应激反应）。“三思而后行”就是让你慢下来。

调整心态，困境中的自控助你实现蜕变

在人生路上，我们每个人都在为自己的目标奋斗着，但这并不是一个一帆风顺的过程，那些成功者，必定经历了百转千回的磨砺和痛苦，甚至是痛苦的蜕变，因此，我们说，成功是容不得我们有享乐之心的。俗话说：“命好使人废。”温室中的环境是培养不出人才的。生活中的我们，在遇到困难的时候，也要有忍耐力去拥抱困难，只有坚强地面对，我们才能实现人生的成功蜕变。

美国人克里斯朵夫·李维因在电影《超人》中扮演超人而一举成名。但谁能料到一场大祸会从天而降呢？

1995年5月27日，克里斯朵夫·李维在弗吉尼亚一个马术比赛中发生了意外事故，以致头部着地，第一及第二颈椎全部折断。5天后，当他醒来时，医生说不能够确保他能活着离开手术室。

那段日子里，克里斯朵夫·李维万念俱灰，许多次他甚至想轻生。出院后，为了平缓他肉体和精神上的伤痛，家人便推着轮椅上的他外出旅行。有一次，小车正穿行在落基山脉蜿蜒曲折的盘山公路上，克里斯朵夫·李维静静地望着窗外，他发现，每当车子行驶到无路的关头，路边都会出现一块交通指示牌，“前方转弯”或“注意，急转弯”的警示文字赫然在目。而拐过每一道弯之后，前方照例又是一片柳暗花明、豁然开

朗。山路弯弯、峰回路转，“前方转弯”几个大字一次次地冲击着他的眼球，也渐渐地叩醒了他的心扉——原来，不是路已到了尽头，而是该转弯了。他恍然大悟，冲着妻子大喊一声：“我要回去，我还有路要走。”

从此，他以轮椅代步，当起了导演。他首次执导影片就荣获了金球奖；他还用牙紧咬着笔，开始了艰难的写作，他的第一部书《依然是我》一问世就进入了畅销书排行榜。与此同时，他创立了一所瘫痪病人教育资源中心，并当选为全身瘫痪协会理事长。他还四处奔走，举办演唱会，为残障人的福利事业筹募善款，成了一位著名的社会活动家。

后来，美国《时代周刊》报道了克里斯朵夫·李维的事迹。在这篇文章中，他回顾自己的心路历程时说：“以前，我一直以为自己只能做一名演员；没想到今生我还能做导演、当作家，并成了一名慈善大使。原来，不幸降临的时候，并不是路已到了尽头，而是在提醒你：你该转弯了。”一次偶然的事件，让原本几乎绝望的克里斯朵夫·李维重新选择了一条人生路。在这条路上，他同样取得了成功，甚至是辉煌。在面对身体上的巨大折磨时，和克里斯朵夫·李维一样，可能很多人都会有轻生的念头，但是，转念一想，不正是这些所谓的困难和逆境让我们获取了更多的成长机会、磨炼了我们的意志吗？假如我们的人生一帆风顺，那么，好命的我们只能是温室中的花朵，经受不住任何风雨的打击。

追求快乐是人的本性，但我们同样应该有面对困难的勇气和意志力。那些失败平庸者，主要是心态有问题。遇到困难时，他们总是挑选容易的倒退之路。“我不行了，我还是退缩吧。”结果陷入失败的深渊。成功者遇到困难时，能够心平气和，并告诉自己：“我要！我能！”“一定有办法。”最终，他们成功了。

我们每个人，在人生的路上都可能遇到一些难题，它们会阻碍我们前进，甚至让我们心灰意冷，沉溺于玩乐之中，但请你一定要记住，明天还未来到，昨天已经过去，珍惜今天，调整好心态，才能真正把握大局，才能找到前进的路！

排除干扰，学会自我决断

有人说，成功最需要具备的一个要素就是智慧。然而，智慧从何处来？智慧的来源大致有以下三个：一是从你的知识而来，二是从你的经验而来，三是从自我反省而来。有智慧的人总是能坚持自我，有很强的自我意识，他们敢于走自己的路，不会因为路上的任何风景而分神，更不会因为别人的言论而动摇。

因此，任何一个渴望成功的人都要学会控制并且强化自我意识，遇事要沉着冷静，自己开动脑筋，排除外界干扰或暗示，学会自主决断。要彻底摆脱那种依赖别人的心理，克服自卑，培养自信心和独立性。有这样一个故事：

法国哲学家布里丹养了一头小毛驴，他每天向附近的农民买一堆草料来喂它。这天，送草料的农民出于对哲学家的景仰，额外送了一堆草料，放在旁边。这下子，毛驴站在两堆数量、质量和与它的距离完全相等的干草之间，可是为难坏了。它虽然享有充分的选择自由，但两堆干草价值相等，客观上无法分辨优劣，因此，它左看看、右瞅瞅，始终无法分清究竟选择哪一堆好。于是，这头可怜的毛驴就这样站在原地，一会儿考虑数量，一会儿考虑质量，一会儿分析颜色，一会儿分析新鲜度，犹犹豫豫，来来回回，在无所适从中活活地饿死了。

小毛驴在两堆充足的草料面前，却落得个饿死的下场，真是令人匪夷所思。可见，迟疑不定不仅对人们做出正确的行为无丝毫的帮助，还会让人们延误时机，甚至酿成苦果。

实际上，除了动物以外，人类似乎也在重复这个幼稚的错误。尤其是那些自我意识不强的人，他们总会因为周围人的一些所谓的建议而踟蹰不定，最终，他们也和这头小毛驴一样一无所获，甚至付出沉重的代价。

要摆脱这种苦恼，我们就要训练自己的判断力，要坚定、勇敢、自信、果断，只要你一直朝着目标前进，他人就一定会为你让路。而对一个摇摆不定、踌躇不前、走走停停的人，别人一定会抢到他的前面去，决不会给他让路。

我们来看看下面这个故事：

小泽征尔是世界著名的音乐指挥家。一次，他去欧洲参加指挥家大赛，在进行前三名决赛时，他被安排在最后一个参赛，评判委员会交给他一张乐谱。小泽征尔以世界一流指挥家的风度，全神贯注地挥动着他的指挥棒，指挥着一支世界一流的乐队，演奏具有国际水平的乐章。

正在演奏中，小泽征尔突然发现乐曲中出现了不和谐的地方。开始，他以为是演奏家们演奏错了，就指挥乐队停下来重奏一次，但仍觉得不自然。

这时，在场的作曲家和评判委员会的权威人士都郑重声明乐谱没有问题，而是小泽征尔出现了错觉。他被大家弄得十分难堪。在这庄严的音乐厅内，面对几百名国际音乐大师和权威，他不免对自己的判断产生了动摇，但是，他考虑再三，仍坚信自己的判断是正确的。

于是，他大吼一声：“不！一定是乐谱错了！”他的喊声一落，评判台上那些高傲的评委立即起身向他报以热烈的掌声，祝贺他大赛夺魁。原来，这是评委们精心设计的圈套。前面的选手虽然也发现了问题，但是他们都放弃了自己的意见。

为什么小泽征尔能做到“挑战权威”，并大胆地告诉评委们“一定是乐谱错了”？因为他能坚持自我，有很强的自我意识。倘若他不能坚信自己的判断是正确的，和其他几位选手一样，即使发现了问题也不敢提出来，或者放弃自己的意见，那么，在这场比赛中，他也只能和其他选手一样，被淘汰出局。

有这样一位企业领导，他有个长处，那就是不受他人干扰，即使有人在他旁边唠唠叨叨，他也能静下心来把事情完成，并且，做事干净利落，绝不拖泥带水。他那种明快果决的本领，十分令人折服。

然而，生活中的我们，往往做不到这样，我们常被身边的各种问题困扰、烦心，因为我们太容易被周围人的闲言碎语所动摇，太容易瞻前顾后、患得患失，以至于给外来的力量左右我们的机会。似乎谁都可以在我们思想的天平上加点砝码，随时都有人可以使我们变卦，结果弄得自己六神无主，而这正是我们成功途中的一个大障碍。

那么，具体来说，我们如何做到控制自我意识、不为他人的言论动摇呢？

1.不要总是依赖他人

那些习惯依赖他人的人才会把听从他人的意见当成一种习惯。因此，要树立并强化自我意识，我们首先需要破除这种不良习惯。你可以查一下自己的行为中哪些是习惯性地依赖别人去做，哪些是自己作决定的；可以每天作记录，记满一个星期，然后将这些事件分为自主意识强、中等、较差三等，每周一小结。

2.要增强自控能力

对自主意识强的事件，以后遇到同样的情况应坚持做。对自主意识中等的事件，应提出改进方法，并在以后的行动中逐步实施。对自主意识较差的事件，可以通过提高自我控制能力来提高自主意识。

3.独立解决问题

要克服摇摆不定的习惯，就得在多种场合坚持自己的事情自己做。因此，生活中，你再也不要让朋友或者父母当你的贴身丫鬟，也不要让他人帮你安排所有的事。比如，独立准备一段演讲词，独立地与别人打交道等。

人性有很多弱点，如虚荣、自私、嫉妒、盲目……其中，缺乏主见会影响到一个人一生的命运。所幸的是，这些弱点本身虽然与生俱来、很难彻底消除，但是我们自己可以想出办法来克服它们、抑制它们或者引导它们朝着有利于自我的方向发展。日常生活中，我们需要控制并强化自我意识，敢于坚持自我，决不能被他人之言动摇。

浅尝辄止，自控从管住自己的嘴开始

在物质丰富、文化多元的现代社会，各种各样的诱惑也开始充斥在人们周围，人们很容易在追求物质的感官享受中逐渐迷失自我，就像一艘失去航向和动力的大船，或远离航道，或停滞不前。事过之后才清醒，却只剩追悔莫及、抱憾终生。在众多诱惑之中，我们最先应该抵制的是来自美食的诱惑。生活中，人们常说："要想抓住一个男人的心，先要抓住一个男人的胃。"这句话足见美食对人们的诱惑。事实上，要控制自己的欲望，管住自己的嘴是第一步。

你是否有过这样的经历：你的体重已经明显超标，但看到广告单上的美食宣传，你还是忍不住要去尝尝？你是不是一个天天打着减肥口号而从未实施的人呢？你是不是将自己的格言定为"不吃饱饭，哪来的力气减肥"呢？一个连自己的嘴都把控不了的人，又怎能成大事呢？

美国心理学家沃尔特·米切尔曾做过这样一项实验。一天，他来到一所幼儿园，挑选出了某个班级的所有4岁的小朋友。然后，他发给他们每个人一块棉花糖，并告诉他们，他有点事，大约20分钟就会回来，如果谁能在他回来之前还保存着这块棉花糖，那么，谁就能获得第二块棉花糖；而假若谁做不到，自然就没有了。

结果，如沃尔特·米切尔所预料的，有些孩子很馋，吃掉了这块糖，而有的孩子为了得到第二块糖，便坚持了20分钟。沃尔特·米切尔记下了这些孩子的名字，并对他们作了长期的跟踪调查。

等到他们高中毕业后，沃尔特·米切尔发现，原先那些坚持了20分钟的孩子有这样一些更为优秀的表现：他们有很强的自信心，更独立、积极、可靠，能够很好地应对挫折，遇到困难不会手足无措和退缩；而那些没能坚持的孩子长大后大部分表现出退缩羞怯、经不起挫折失败、好妒忌、脾气急躁等特点。更令人吃惊的是，两者在学习成绩上也有显著的差异，前一种孩子的学习成绩远远好于后一种孩子的学习成绩！

这个实验的最终结果表明，孩子的自控能力，在一定程度上决定了他人生的未来。它同样也告诉生活中的我们，一个人的自控心理和自控力如何，直接关系到他在人生路上走得是否平衡，那些有所成就者必备的特质之一就是自控力强。

那么，生活中的人们，在数量不同的“糖”面前，是否能看到背后的区别呢？假设现在有三块糖，你大可以一吃为快，将三块糖全部吃完，但这就意味着接下来你没有了糖；而那些聪明的人会选择一天吃一块，这样一来，接下来的两天，他们都能尝到“甜头”，并且，这是一种健康的饮食方法。研究表明，对于相同的食物，多分几次食用比一次性食用吸收效果更好。在少吃多餐的情况下，所吃食物不会给肠胃造成负担，食物中的能量也会很快地被身体吸收。最为重要的是，后者训练了自己的自控力，一个能控制自己对美食的欲望的人才能谈得上控制自己更高层次的欲望。我们来看下面的案例：

这天，妈妈给了洋洋一块糖，然后她把另一块糖也放到洋洋面前，说："洋洋，现在有两块糖，你今天只能吃一块，不过你要实在忍不住了，还可以吃第二块，但是明天的糖就没有了。如果你不吃，明天妈妈会给你两块。"

洋洋很聪明，她歪着脑袋天真地问妈妈："那我今天都不吃，明天能给我三块吗？"

妈妈很吃惊，小小的洋洋居然这么问，不过她庆幸的是，洋洋才4岁，就已经有了这么强的自控能力了。于是，妈妈高兴地说："真'贪心'啊！"

一个小小的孩子都能有这样的自控能力，那作为成人的我们呢？其实，生活中，我们的周围何尝不存在"糖"的诱惑呢？在众多美食面前，我们是浅尝辄止，进而让明天和后天都有糖吃，还是一次性吃完所有的美食呢？其实，我们也能看到这两种选择会带来的不同结果，因此，我们应该作出明智的选择。

生活中的任何一个人，要想让自己具备超强的自控力，首先要训练自己的初级自控——拒绝美食的诱惑。为此，你必须要看到的是“一块糖”和“三块糖”的区别，暴饮暴食与不加节制地饮食，不但会让你的身材和健康逐渐偏离正常的轨道，更重要的是，这表明你对自己的把控能力正在逐渐减弱！

第八章

命运给我怎样的境遇，我都会面带微笑来应对

即便是在绝境之中，也不要放弃希望

生活中，我们要善于抓住绝境中的一丝希望，领悟快乐的真谛。罗斯福在参选总统之前被诊断出患了“腿部麻痹症”，医生对他说：“你可能会丧失行走的能力。”听了医生的宣判，罗斯福没有绝望，反而微笑着说：“我还要走路，而且我还要走进白宫。”对于一个真正的强者来说，人生的一点小挫折、小失败并不算什么，罗斯福最终走进了白宫，成为美国最伟大的总统之一。

有的人在遭遇不幸或失败的时候，瘫坐在地上捶胸顿足，似乎是在向上天发泄心中的怒气。可是，这样生气又有什么用呢？不幸还是不幸，失败还是失败，那些既成的事实一点都没有改变。如果我们想要改变失败造成的现状，那唯一同时也是最有效的办法就是接受失败，从这次失败中吸取教训，为再次成功做准备，否则，我们有可能永远被定义为“失败者”。

在大山里，有一个悲惨的男孩，在他10岁时母亲就因病去世了，父亲是一个长途汽车司机，长年累月不在家，没有办法照顾男孩。于是，自从母亲去世后，男孩就学会了自己洗衣、做饭，照顾自己。然而，上天似乎并没有过多地眷顾他，男孩

17岁的时候，父亲因车祸丧生，在这个世界上，男孩没有什么亲人了，也没有人能够依靠了。

可是，对于男孩来说，人生的噩梦还没有结束。男孩走出了失去父亲的悲伤，外出打工，开始独立养活自己。不料，在一次工程事故中，男孩失去了自己的左腿。惨遭人生的挫折，男孩并不抱怨，也不气馁，反而形成了坚强的性格。面对生活中随之而来的不便，男孩学会了使用拐杖，即使有时候不小心摔倒了，他也从来不愿请求别人的帮忙，同时，他还从事着一份简单的工作。

几年过去了，男孩将自己所有的积蓄算了算，正好可以开个养殖场。于是，他用自己全部的积蓄开了一个养殖场，但老天似乎真的存心与他过不去，一场突如其来的大火将男孩最后的希望都夺走了。

终于，男孩忍无可忍，气愤地来到神殿前，生气地责问上帝："你为什么对我这样不公平？"听到了男孩的责骂，上帝一脸平静地问："哪里不公平呢？"男孩将自己人生的不幸一五一十地说给上帝听。听了男孩的遭遇，上帝说道："原来是这样，你的确很悲惨，失败太多，但是，你干嘛要活下去呢？"男孩觉得上帝在嘲笑自己，他气得浑身颤抖："我不会死的，我经历了这么多不幸，已经没有什么能让我害怕，总有一天，我会凭借自己的力量，创造出属于自己的幸福。"上帝笑了，温和地对男孩说：“有一个人比你幸运得多，一路顺风顺水走到了生命的终点，可是，他最后遭遇了一次失败，失去了所有的财富，不同的是，失败后他就绝望地选择了自杀，而你却坚强地活了下来。”

人生的不幸历练着男孩坚强的性格，生活的失败铸就着男孩积极进取的个性。遭遇事业的失败后，男孩忍不住了，责问上帝为什么对自己这样不公平。这样的行为，我们似乎在大多数失败者身上都能看到，每每遇到人生不如意的时候，他们总是质问：“老天，为什么我总是不幸的，为什么对我这样不公平？”在上帝的启发下，男孩明白了。即使失去了所有，但他选择了坚强地活着，或许真如他自己所说的那样，总有一天，他会凭借自己的力量，创造出属于自己的幸福。

有一个悲观主义哲学家说：“我们在出生时之所以哇哇大哭，是因为我们预知生命必然是充满痛苦，至于迎接新生命到来的成人之所以满心欢喜，是因为又多了一个人来分担他们的苦难。”

事实上，人生旅途中的苦与乐，都是自己内心的感受，一切都是靠我们亲自来体验，诸如挫折、失败，或许我们在遭遇时会感到痛苦，埋怨上天的不公平，但正因为有了挫折与失败，我们才有可能变得更加坚强、勇敢。即便是在绝境之中，也有一丝希望，我们要善于抓住它，从而领悟到快乐的真谛。

不轻易让悲伤抬头，是幸福人生必修的课题

事已如此，生气又有何益？把快乐坚持到底才是人生最大的成功。每个人一早睁开眼都希望自己能有一个好的心情，但要想做到“天天好心情”还真不是件容易的事。生活中会有很多突如其来的意外砸到眼前，令我们恐慌且不知所措，虽然大的意外并不多，但小麻烦却接二连三。当这些麻烦、障碍物被命运无情地抛到你的脚下时，你可以悲哀、失望，甚至哭泣。当然你也可以选择微笑着接受和面对。

大文学家苏东坡在《定风波·三月七日沙湖道中遇雨》中这样说:“莫听穿林打叶声，何妨吟啸且徐行。竹杖芒鞋轻胜马，谁怕？一蓑烟雨任平生。料峭春风吹酒醒，微冷，山头斜照却相迎。回首向来萧瑟处，归去，也无风雨也无晴。”这是他在去一个名叫沙湖的地方，在路途中突然遇到大雨时，“雨具先去，同行皆狼狈，余独不觉。已而遂晴，故作此词”。在被贬边城、人生遭遇不幸的时候，苏东坡依然旷达、乐观，不让外界的环境变化来扰乱自己的心境，改变自己向来乐观的人生信念。正如“莫听穿林打叶声，何妨吟啸且徐行”所描写的那样，当乱雨打叶、风波骤起的时候，何不把它当作一个生活中的小风景，在雨中慢慢走，慢慢吟诗，心情自然就不错。当一切风平浪静的时候，再回首看看那样的过程，却带有一点享

受般的惬意。对于像苏东坡这样处乱不惊、心如止水，不受外界干扰的人来说，其实人生本来就是“也无风雨也无晴”的。即便时光已逝去千年，我们仿佛还能看到苏东坡在雨中吟啸徐行的样子，看到一个天真烂漫、充满生命激情的人，在向我们展示着，生命原来可以这样洒脱。

不管你面对的是什么样的天气，什么样的境遇，只要心中洒脱，看得开，保持一颗乐观豁达的心，人生对你来说永远都会是风和日丽、天高云淡的好天气。哲人说，把快乐坚持到底才是人生最大的成功。不轻易让悲伤抬头，不让糟糕的情绪长时间占据我们的心灵，是幸福人生必修的课题。

人活于世，随着对生活认识的加深，社会化程度的加重，难免会有意无意地去在意别人对自己的看法。或许是因为同事开的一个过分的玩笑，或许是早上上班因错过公车而迟到几分钟……不管如何，总之，你今天看上去很不开心，对谁都是爱搭不理，到哪儿都带着一副冷漠的面孔，总觉得天空阴沉沉的，如同自己的心情。

为何要太在意别人给予的评价呢？对这些小事斤斤计较，只会影响自己的心情，其他毫无裨益。常言道：人生在世，不如意之事十之八九。事已如此，生气又有何益？外界已经给自己带来太多不顺，太多的障碍，逃避是不可能的，坦然面对，“不为打翻的牛奶而哭泣”，你才会感受到更多快乐。

大仲马曾经说过:“你要控制自己的情绪，否则你的情绪便控制了你。”人活的就是心情，因为一些小事而斤斤计较，势必会让自己的心丧失快乐和自由。米切尔·霍德斯做了一个极为有趣的实验，他将同一张卡通漫画显示给两组测试者看，其中一组的人员被要求用牙齿咬着一支钢笔，这个姿势就仿佛在微笑一样；另一组人员则必须将笔用嘴唇衔着，显然，这种姿势使他们难以露出笑容。结果，米切尔·霍德斯发现，前一组比后一组被试者认为漫画更可笑。这个实验表明，我们心情的不同往往不是由事物本身引起的，而是取决于我们看待事物的不同方式。情绪的好坏，完全取决于你的心态。我们在生活中，必须维持一份好心情——随时幽默、开怀、乐观的好心情，才不会被外界的消极影响所干扰。命运原本是一个瞎子，横冲直撞地朝你而来，时而给予你欢笑，时而会给你带来悲伤和痛苦。自己的心亮着的人，能够把握命运行走的方向，懂得微笑是自己的权利。也正因如此，他们的人生才显得异常绚烂，且充满欢声笑语。

珍惜当下，让喜乐与幸福同在

人生中大部分的苦，其实都是自己所以为的苦，都是自己臆想出来的。当我们觉得人生很苦的时候，做什么事都会觉得苦；而当我们的想法和心态变好的时候，无论做什么事，都会觉得快乐和幸福！

当我们觉得人生很苦的时候，就会不开心、不快乐，自然也就会失去很多东西，同时也会有很多不好的、不如意的事情发生。我们要用快乐的心态活在当下，珍惜当下的每一分每秒，用喜乐的心态做好每件事，从而让自己在每一个当下，都能喜乐与幸福同在，人生也变得欢乐绵长！

在生活中，我们最常听到的一个词语就是“等到”。人们总是说，等到我有钱，等到我有时间，等到我升官发财，等到我不再这么忙……在这些“等到”之中，人生渐渐流逝，每个人都从青春到暮年，时光不再。人生哪里禁得起那么多“等到”呢？人生如白驹过隙，同时充满了未知。与其“等到”什么时候，不如现在就开始行动起来。每个人都应该活在现在，而不是活在永远不可能到来的明天。实际上，人生不管是长还是短，都是由无数个“今天”组成的。不管我们是成功也好，失败也好，都只能发生在今天。

拥有活在当下的心态，我们才能尽快走出昨天的阴影，摆脱对未来的幻想，脚踏实地地为了今天的荣耀和收获而努力。活在当下，是一种心态，更是一种心境。活在当下的人，更能看淡人生之中的得失与宠辱，更关注自己的人生过程，而不再仅仅计较结果。曾经有人说过，人生是一趟没有回程的旅行。

的确，这个世界上没有卖后悔药的，人生也没有回头路可走。每个人都不知道自己人生的终点在哪里，世事无常，也许原本计划活到一百岁的人，转眼之间就离开了人世。既然如此，我们就应该更加豁达，更加宽容，更加感恩活着的每一天。和生命相比，那些得到和失去根本不值一提。重要的是，人生短暂，你还能睁开眼看着这美好的世界。

抛开已然逝去的昨天，和远未到来的明天，人生还需要面对很多苦难、挫折和悲戚。为了逃避现实的痛苦，很多人选择活在想象的世界里。其实，不管脚下的路多么难走，我们都不能停下前进的脚步。人生，就像是逆水行舟，不进则退。退，永远也无法回到过去，只能让你人生的高度骤然降低。只有鼓起勇气，勇敢地接纳和拥抱现实，我们才能活在当下，享受当下生命的赐予。

很久很久以前，有一种特别美丽的小鸟，生活在人迹罕至的深山老林里。这种小鸟非常漂亮。它的羽毛色彩绚丽，就像天边的彩虹。它的嘴巴血红血红的，即使是世界上最顶级的唇彩，也没有这样纯粹的红色。小鸟知道自己的美丽，总是非常高傲。每天白天，它都在池塘边玩耍，对着平整如镜的水面照出自己的影子。它总是喃喃自语：“我多么美丽啊，我是整片森林里最美丽的鸟儿。”有的时候，它还会故意在其他动物面前走来走去，展现自己的美丽。在它的心里，即使是传说中最美丽的凤凰，也远远不及自己。

时光飞逝，很快，炎热的夏天即将过去，飒爽的秋天马上就要到来。这时，森林里的很多鸟儿都开始为过冬做准备。它们集合起来，排成声势浩荡的队伍，一起飞往四季如春的南方。还有些动物正在搜集食物，给巢穴寻找枯草。只有这种鸟，依然整日玩耍，顾影自怜。每到夜晚，温度骤然降低，它就只能躲进杂乱的茅草丛中睡觉。在没有任何食物储备的情况下，它就毫无防备地度过了短暂的秋天，来到了寒风肆虐的隆冬。

动物们躲在温暖的巢穴中睡了一觉，醒来就惊讶地发现树叶全都掉光了。鸟儿们躲在暖乎乎的巢穴中，吃着之前辛苦搜集的食物，再也不愿意飞出来挨冻。可是这种鸟呢？冬天到了，它美丽的羽毛也和树叶一样脱落了。如今的它，就像是一只肉球，赤身裸体地在寒风中瑟瑟发抖。每当夜幕降临，它都会哀号：“冷啊，冷啊，明天就筑巢。”然而，当它在阳光的照射中醒来，马上就会忘记昨天夜里的寒冷，依然若无其事地喊道：“我真美啊，我真美啊！”就这样，在一个天寒地冻的夜晚，它终于被冻死了。这就是我们经常说的寒号鸟。

可怜的寒号鸟，因为没有未雨绸缪，最终被寒风夺去了生命。寒号鸟不但可怜，更加可恨可气。它如果能够在寒冬到来之前，筑好巢穴，准备食物，那么它也许就能够安然过冬，迎接来年春天的到来。我们在对寒号鸟恨铁不成钢的同时，其实自己也有可能在犯着同样的错误，却毫不自知。

生活中的人们，请问问自己，你是否也说过“等到”，你又有多少个“等到”在若干年之后还未实现。当我们忙于工作的时候，孩子已经悄然长大，他缺少父母陪伴的童年一去不返；当我们忙于应酬的时候，家中望眼欲穿的父母已经满头白发，“子欲养而亲不待”的痛苦悄然来临；当我们奔波在出差的路上时，我们曾经渴望带着最爱的人一起畅游天涯的梦想，已经荷包丰腴而时间苍白……人生太短暂了，有了梦想一定要努力去实现，不然，就会给人生留下无数的遗憾。

遭遇人生冷遇，唯有努力提升和完善自己

人的一生，说长也长，说短也短。在漫长而又短暂的一生之中，我们遇到的事情不可能永远顺利，更多的时候，我们会遭遇坎坷和挫折，也会受到冷落的待遇。这就像是大海中的波涛一样，既有波峰，也有波谷，唯有保持内心的淡定从容，我们才能平静对待波峰和波谷，也才能更加顺利地度过人生的逆境。面对人生冷遇，有些人会不停地抱怨，尽管于事无补，反而会使自己陷入恶性循环之中，但是他们依然无休无止地抱

怨，似乎抱怨是他们唯一的出路。明智的人则不会这么做，因为他们知道与其花费宝贵的时间和精力用来抱怨，不如努力提升和完善自己，使自己在人生之中得到更多的馈赠和礼遇。也许他们并不能如愿以偿，但是只要展开切实的行动，他们就能赢得契机，从而改变命运。

希望永远存在我们的心里，不管我们此刻面对的人生多么艰难，只要我们心中有希望，我们的人生之路上就有灯光。在暗夜之中，恰恰是那如豆的灯光给了我们无限的温暖和慰藉，也让我们的人生之路更加开阔。要知道，任何人都不可能占尽优势、绝无劣势。更多的时候，人的优势和劣势是相互转换的，也许在这种情况下的优势，到另一种情况下就变成了劣势，反之亦然。由此可见，只要我们心怀希望，努力寻找生机，即便遭遇绝境，也能绝处逢生，为自己赢得更多美好的未来。

毋庸置疑，人生遭遇冷遇是很难堪和尴尬的，尤其是当冷遇维持很长的时间都没有转机的情况下，如果没有坚韧不拔的毅力，没有勇敢向上的拼搏精神，我们就不可能熬过人生中黎明前那段最漫长而又黑暗的时期。所谓“吃得苦中苦，方为人上人”，也只有能够耐心坐得人生冷板凳的人，才能沉下心来认真地思考人生，也帮助自己赢得未来。

大学毕业后，黎明之所以选择这家公司，就是因为看到这家公司有海外公司，以后也许能够争取到机会出国。为此，黎明自从进入公司之后就兢兢业业地工作，从未有过一天的放松。果不其然，黎明负责的海外市场的工作进展非常顺利，接连几个大项目都顺利上马。原本，黎明以为自己距离梦想中的成功越来越近了，不想有一天中午，老总突然叫黎明去他的办公室谈话。这次谈话之后，黎明被调动到另一个刚刚成立的部门，虽然老总美其名曰黎明能力强，能够帮助公司打开局面，但是大家都心知肚明，那个部门形同鸡肋，弃之可惜，食之无味，简直没有任何可取之处。面对这样的遭遇，也许有些人在冲动之下就会选择辞职走人，但是黎明则静下心来，开始努力学习英语，以便等到机会到来时能够抓住。果不其然，当黎明在新部门里把英语从四级提升到八级，而且通过了托福考试之后，他突然得知公司的海外事业部正在招聘一个熟悉内地市场的人选，他毫不犹豫地投递简历和资料，参加了竞聘。果不其然，工作经验和英语水平都完全符合要求的黎明，顺利获得了这个职位，也如愿以偿地去了澳大利亚分公司工作。至此，黎明终于坐完了人生的冷板凳，迎来了人生中新的阶段和机遇。

在遭遇冷遇的时候，黎明没有感到愤怒，更没有抱怨，他看似逆来顺受，实际上却在抓住每一分、每一秒的时间帮助自己做足准备，迎接机会的到来。正因为他能坐好人生的冷板凳，让自己准备充分，所以他才能在机会到来时准确抓住，从而实现自己的人生梦想。不忘初心，方得始终，不管是处于人生的顺境还是逆境，我们都要始终保持积极乐观的人生态度，才能最大限度地发挥自身的实力和潜力，创造出与众不同的辉煌人生。

人生路上，每个人都有可能遭遇冷遇，恰恰是因为对待人生冷遇的态度不同，每个人也才拥有完全不同的人生。即便一个人非常努力，也有可能付出得不到回报，甚至得不到公平的待遇。在这种情况下，不要抱怨，更不要气馁，只要你能够坚持不懈地坐好冷板凳，人生也就会再次柳暗花明。

与其患得患失，不如放宽心胸

人生在世难免会在意许多东西，而这种在意往往会导致一种常见的心理疾患，那就是：患得患失。因为在意，所以害怕：没有的时候害怕得不到，而得到了又害怕失去。整日生活在惶恐不安之中，没有一刻是可以舒心开怀的。这样的人难免会慨叹："做人好累。"累，是因为心中所牵系的东西太多，因为不够潇洒，所以才让自己活得一塌糊涂。患得患失是附于人身和人心的一种阴影，它遮住了原本属于自己的明媚灿烂的阳光。在得失之间不断徘徊，无论是得到还是失去都是不快乐的，那么得到又有什么意义？而失去又谈得上什么悲伤呢？

其实，得失之心人皆有之。因为得到利益而喜不自胜，因为失去拥有之物而沮丧懊恼，这是人之常情，本无可厚非。但若总是因为外物而影响自己的心情，甚至得到了也无法开心，那么就过犹不及了。《论语》有言：“其未得之也，患得之；既得之，患失之。苟患失之，无所不至矣。”就是说一个人若是没得到一样事物，就生怕自己得不到；得到后又害怕失去，为了想保住这样事物，就会无所不用其极，最后什么手段都使用出来，这样此人就会变成一个可怕的人。这种情形在日常生活和职场、商场中司空见惯，为了保住自己的个人利益，不惜彼此倾轧、拆台，用种种卑劣的手段来设计陷阱，令他人的利益受损。但是这样的人就算得到了想要的东西，也不会快乐。为什么？因为他害怕失去呀！他通过不正当手段得来的东西，当然害怕别人会从他这里用同样的手法得了去，那么又怎能放宽心、开心得起来呢？所以这样的人也是可悲的，他拥有得越多，就越不开心，最后作茧自缚，陷入迷途。

当然，这样的人相对而言，还在少数，更多的人患得患失，最后伤害的是自己，不仅影响自己的身心健康，还会令自己失去原本唾手可得的机遇和财富。过于担心自己能不能得到，最终反而得不到；过分害怕自己会失败，最终却常常无法成功。这就是心理学上著名的“瓦伦达心态”，它来自一个真实的事例。

瓦伦达是美国的一位著名钢索表演艺术家，他生平参加过无数次演出，即便是不用保险绳，也从未出过任何差错，他以高超的技艺、稳健的风格享誉全球。

有一次，他所在的杂技团有一个重要演出，所有观看表演的人都不是普通观众，而是各界政要和领导人物。这次演出不但可以奠定瓦伦达在杂技界的领军地位，还与他所在团的利益直接挂钩，所以瓦伦达对这次演出前所未有地重视。在演出开始前许多天，他就一直在研究和改进自己的每一个动作和细节。

演出开始了，瓦伦达依然没有挂保险绳就上阵了，因为这样的表演更具刺激性，更能吸引观众的眼球，而且瓦伦达百分之百肯定自己绝不会出任何差池，因为这样的表演他之前曾经做过多次，从来没有一次出现意外。然而悲剧发生了。就在他走上钢索不到几分钟的时间，才做了两个难度并不大的动作，他便从钢索上一头摔下来，当场咽气了。

事后，瓦伦达的妻子说："我知道这一次肯定会出事。因为在出场前，他就不停地在说：'这一次太重要了，我绝对不能失败。'而以前，每次表演的时候，他总是只想着走钢索这一件事，对于任何可能带来的一切都毫不在意。"

瓦伦达因为对成功太过在意、太患得患失，所以最终不但没有获得成功，反而赔上了性命。因此心理学家就将这种为了达到某种目的、却又害怕达不到、患得患失的心态称为"瓦伦达心态”。而美国斯坦福大学的一项研究也表明，假如人们太过于担心某件不好的事情会发生，那么头脑中就会清晰地出现那件事情发生时的情形，结果反而会不由自主地照着那样的方向去进行。比如，骑自行车时，你一心想避开前面的小石子，如果按照正常行进的路线，你是不会撞上去的，但是你心里一直想着：“千万别骑到上面。”结果却偏偏骑到了上面。几乎每一个人都有这样的经历，若你太在意某件事，总是担心做不好，结果就偏偏会做不好。而若你认为这件事太难，不如抱着试一试的平常心态去做，有时反而能轻而易举地就获得成功。

所以，与其患得患失、得不偿失，还不如放宽心胸、闲庭信步，以平常心对待得失。将眼光放得长远一点，将思绪回归当前，注重现在，踏踏实实走好每一步，不去想得到或失去之后该何去何从，自然就能够一步步走到成功的彼岸，得到真正属于自己的荣耀。

第九章

关注自己的内心，我要战胜的始终是我自己

专注心灵成长，别只在乎眼前的成绩

在工作岗位上，人们常常以成绩论输赢，如果你做出了成绩，就代表你有这个能力，上司会把有挑战性的工作给你做，升职也会来得很快。于是，很多年轻人就掉入了一个误区，认为成绩比什么都重要，只有出成绩，才觉得自己的工作是有价值的，如果短时间内没有成就感，就觉得特别灰心，就是这种急功近利的心态让年轻人总是徘徊在公司的基层。

要知道一个足够大的企业，想要做成一件大事，那都是上百个人共同努力的结果，你做的往往是一件再普通不过的事，这些怎么可能让你在短期内产生成就感呢？而且越是伟大的事业，越需要长久的耐力，成绩也就来得越晚。

当初爱迪生发明电灯的时候，试验了1000多种材料，如果他在第一次试验时就追求成就感，追求奇迹，那么恐怕他要失望好多次，甚至丧气之下认为电灯这种东西只能是神迹，不可能出现在人间了。可是当人们问他有什么进展的时候，他却说："哦，今天我又证明了一种材料不能够做灯丝了。"这种豁达乐观的心态不正是我们需要学习的吗？看历史上那些著名的人物，他们开始往往是籍籍无名的，往往沉寂了二三十年，但是当他们开始出名时则是“不鸣则已，一鸣惊人”。如果他们不能长期安下心来工作，每天纠结于是否有成就感，每天沉浸于功成名就的梦想中，我想他们也不可能有那么大的成就。

每个人的成就其实都是一步一步积累的结果，在这个过程中如果能够实现每天成长一步，那么最终你就会成功。年轻人在工作中也不要每天寄希望于做出多么大的成就、出多少成绩，而要看自己在这个工作岗位上是否每天都有成长，每天都在进步，每天都能够学一些新东西，增加一些新的经验，如果我们真的能够做到这些，即使我们没有成绩，那也算成功了。

我记得曾听过这样一个小故事，同事甲因为上司不器重他，不给他重要的机会，觉得非常屈才，决定辞职；同事乙问他:“难道你就这样走吗？你不觉得应该报复他吗？”“怎么报复？”“对于这样的公司，不用客气，你只要待在原岗位上，学习他们的经验，一旦时机成熟，你就可以自己开公司挤垮它，这才是最大的报复；或者努力做好一切，窃取他们的经验，然后再跳槽，到别的公司大展身手，让老板后悔莫及。”同事甲觉得这个主意还不错，于是开始留在这个岗位上，一方面兢兢业业地做事，另一方面仔细观察公司的运作，努力进取，把所有自己不懂的东西都学到手。两年过去了，同事乙又遇到了同事甲：“你还没有跳槽啊？”同事甲告诉他：“是啊，多谢你当初劝阻我，现在老总觉得我能力很好，两年内我已经涨了三次工资了，老板还打算把一个新的项目交给我负责。”其实乙当初的目的就是如此。

一个人常常高估了他短期内所能做的事情，却低估了他长期内所能创造的辉煌。人在一年当中可能不会有太大的变化，但只要能够坚持不懈地努力，每一天都在改变和进步，持续稳定地储蓄每一天的成长，长期坚持下来，他就有可能创造出自己连想都不敢想的成就。爱因斯坦说过，“这个世界上最大的奇迹就是复利原则。”这就像理财，如果你每个月都能坚持把自己收入的十分之一用来买基金或者股票，长期坚持下来，收获的绝不会是这些基金的总和，而是它们的倍数，这当中起重要作用的就是复利原则。因为不但你的本金在为你创造利润，你的利润也同样在为你创造利润，这是非常可观的。我认为一个人努力到一定程度，不仅仅他自己正在做的事在为他积累成功，他过去所做出的成就同样也在为他积累成功，所以说大的成就都是小的成长相乘而非相加的结果。

只要坚持，一个人的成长就会呈幂的形式增长，这一点对于年轻人来说是非常重要的。因为你成长得越多，对于你来说可能做出的成绩就越大，而成功就距离你越近。这就是为什么有人宁愿花费更多的时间去接受教育，而不是工作。如两个同龄人，一个高中毕业，一个大学毕业，在10年中看起来似乎应该是高中毕业的人做出的成就高，因为他奋斗的时间要比大学毕业的人多4年，可情况往往相反。真的是学历、经验在起作用吗？我觉得是能力，虽然在4年中可能有人一直在学习，没有做事，但是他却在成长，能力在增长，所以即使别人再努力做出成就，他也能一朝赶超，更何况一个人时时刻刻都在成长呢？这不是比什么样的成就都令人感到兴奋吗？

所以，一个人在决定做一份工作还是放弃一份工作时首先要想的是，这份工作已经不能再令我成长了吗？而不是我在这个位置上能不能做出成绩。

除了你自己，没有人能战胜你

人生最大的敌人其实就是自己，我们的内心会为自己设置非常多的障碍，从而让自己一生都在低阶层中挣扎。学会征服自己比战胜对手更困难，也更有挑战性，所以，不要急于打败对手、打败别人。如果你能够打败自己，打败自己的偏见、固执、懒惰，打败自己内心的自我限制，征服自己，你就会觉得自己比原来升华了，冲出了自己设置的樊篱。这样的进步，比任何一种竞争都能使你更快获得提高。

有人说“英雄征服世界，圣贤却征服自己”，这是中国文化的传统精神。征服世界容易，只要把自己的理想建立在打败别人的基础上，又有什么困难呢？难道我们不是一直在潜意识里想着和别人一比高下，打败对手吗？意识中想要做的事，是无论怎样困难，也非常容易的。征服自己却不是那么容易的事。明明自己不喜欢做的事，非要逼着自己去做，明明觉得自己做不到的事，还要勉强自己努力去做到，这样的事情是难以做到的。

可是一个人要有大的成就，想要变得成熟，就要学会勉强自己。人自身的懒惰、偏见、狭隘、自我设限，会毁掉自己的一生，因此人生最大的敌人，不是别人，不是对手，首先是你自己。如果你能够不断改变自己的缺点，让自己渐趋完美，不断挑战自我、超越自我，就能够让自己变得更加优秀、更加卓越。怎样征服自己，让自己离成功更近呢？敢想敢做，不要自我设限，不断征服自己身上的惰性，不断审视自我，自我监督，就是达到这个目标最好的方法。人在做事之前，常常为自己做了限制，什么事我不能做，什么职位是我不能胜任的，等等。其实，人的潜力是非常大的，通常认为自己不能够做到的事，其实是因为没有尽全力，或者没有处在危机之中。我记得小时候学过一首诗“林暗草惊风，将军夜引弓。平明寻白羽，没在石棱中”，记得当初老师讲的时候告诉我们，这个小故事有很多有趣的小细节，如那位将军射出去的箭几个士兵都拔不出来；将军再次向石棱中射箭，把箭都射弯了，也射不进去，因为原以为石棱是老虎，在危急时刻拼尽所有气力才做到的。

所以说，人的潜力不可低估，想要做到最好，就不要给自己设限，30岁之前的年轻人，前面还有无数可能，但如果你认定自己只能做到哪种程度，或者只能做一个平凡人，那你一生就只能庸庸碌碌。想要做到更好，就要把自我设限这个敌人打倒。

每一个人都有惰性，这是与生俱来的，人之所以成功，是因为他们善于克制自己的欲望，善于克服自己的惰性，让自己遵守定下来的规则，这才是成功的关键。很多人都有志气，也制定了一定的目标，为什么他们不能实现？那是因为周围有太多的诱惑，让他们学会破例，学会破坏自己制订下来的规则，使目标中途夭折。例如，你希望自己每天6点钟起床跑步一小时，可是今天天气寒冷，停掉了一天；明天下雨又停掉了一天；第三天想，反正都停了两天了，索性明天再开始吧，好多计划就是这样停掉的，好多事情就是这样耽误的。人的惰性实在是一个人最大的敌人，一定要改掉这种懈怠的毛病。

每个人都有自己的缺点不足，只有改变自己性格中的缺点，才可能成就大事。不断改变自己对这个世界的认识，就是一个人从幼稚到成熟的进程。这个进程是漫长的，也是艰难的。人生就是不断克服对这个世界的偏见，慢慢对世界、对社会人生客观认识的一个过程，只有客观认识自己，客观认识世界，才可能有卓越的成就。只有自己的认识符合客观规律，顺着规律做事，一个人才可能成功。偏见是人类最大的不足，它会把人们引入歧途，引入陷阱。一个人的偏见却不是那么容易改掉的，只有时刻提醒自己维持一个清醒、理智的头脑，才能客观、公正地看待和做事，这才是成熟的人生态度。

自己才是最大的敌人，因为一个人是不会轻易违逆自己的思想的，可事实往往与一个人的思想欲望相悖。只有勇于承认和改掉那些与事实相悖的观念和习惯，一个人才能进步，不断接近完美。这才是逐渐成熟的真谛，成熟就是不断让自己脱胎换骨，让自己更接近真相。

不忘初心，方得始终

每个现代人都承受着巨大的压力，也面临着各种各样的诱惑。我们对于生活的期望太多，却在努力的过程中渐渐忘却了初心，只是陷入无端的抱怨之中，由此进入恶性循环，最终忘却自己既定的目标，在生活的欲海中浮浮沉沉。不得不说，现代人虽然思想更加开放和活络，但却没有了定力，总是很容易就改旗易帜，掉转船头，不知驶向何处。

有一点不容怀疑，那就是每个人的人生都不会一帆风顺。在面对人生的诸多苦难时，我们或者选择坚强以对，或者选择见风使舵，随机应变，顺势而为。总而言之，我们不能与命运针锋相对，而只能以巧劲改变命运，从而也使自己的人生更加顺遂。然而，在一次次的妥协和退让中，我们渐渐习惯了软弱。一个人不应该放弃梦想，不管年纪几何。现在我们也要说，一个人不能忘却初心，不管遭遇多少艰难坎坷。也许有的时候的确退一步能够海阔天空，但是更多的时候我们唯有坚强地面对，才能更加清楚自己的内心，清楚到底什么是值得保留的，到底什么又是应该放弃的。

当然，妥协并无可指责，有的时候我们仰首是春、俯首是秋。但是，即便我们偶尔向命运低头，也应该牢记自己的本心，不要因为一时的妥协就忘记远方风雨兼程的目标。曾经我们以为得到了很多，殊不知那一切都是命运冥冥之中的安排，得到有的时候恰恰意味着更多的舍弃。因此，我们必须牢记一个道理：人生不是用来妥协的，我们越是退缩，也就越容易形成退缩的习惯。生活也不是用来讲究的，当我们昂首挺胸，反而能够得到命运意外的馈赠。虽然我们不能总是自视甚高，但是也不能总是卑微到尘埃里，幸福既有着人间的烟火气息，也有着超然于物外的清高孤傲。尤其是当退让与尊严息息相关时，我们更应该勇敢地昂首挺胸，在人生中大步向前。或者是某些事情的处理关系到原则，那么我们必须坚守自己的底线，千万不能轻易退让。

很久很久以前，有一位生活贫苦的牧羊人，依靠为有钱人放牧羊群为生。有一天，牧羊人带着两个年幼的儿子一起去放羊，他们来到了向阳的山坡上。当时，牧羊人和两个儿子并排躺在山坡上，看着大雁越飞越远。小儿子问爸爸："爸爸，大雁要去哪里？"牧羊人和颜悦色地告诉儿子："天冷了，大雁为了躲避寒冬，要飞去遥远的南方，那里温暖如春。"这时，大儿子羡慕地说："假如我也能生出一对翅膀，和大雁一样想去哪里就飞到哪里，那该多好啊！"小儿子也兴致盎然地喊起来："我也要有翅膀，我也要当大雁！"这时，牧羊人笑着对儿子们说："其实人类也是有翅膀的，只要想飞，你们有一天肯定也能飞到天空中。"

两个儿子从草地上爬起来，站在阳光下挥舞着胳膊，跃跃欲试。然而，他们不能飞。牧羊人看着儿子们失望的眼神，说："让我试试吧，我应该能飞起来。"说完，牧羊人张开双臂努力上下挥舞，最终也以失败而告终。但是，牧羊人坚定不移地告诉儿子们："我太老了，翅膀无力了，你们还小，只要你们继续努力，将来一定能够飞到任何地方。"两个儿子牢牢记住了父亲说的话，从此之后，他们始终牢记着飞天的梦想。直到有一天，哥哥36岁，弟弟32岁，他们终于发明了飞机，如愿以偿地飞到了天空中。他们，就是莱特兄弟。

在这个事例中，牧羊人虽然贫穷，但是精神上非常富足，面对孩子们的飞天梦想，他没有当即否定，而是小心翼翼地把这个梦想栽种到孩子们的心目中，让孩子们从小到大始终牢记着这个梦想，一刻也未曾忘却初心。正是因为这样的坚定执着，莱特兄弟才能在长大成人之后完成心愿，也帮助整个人类飞天梦想的实现跨出实质性的一大步。

每个人都行走在通往梦想的路上，有些人之所以实现了梦想，是因为他们从未忘却初心，始终牢记着梦想，一刻也不曾放弃对梦想的努力。有些人之所以在实现梦想的道路上渐渐偏离，渐行渐远，就是因为他们遗忘了初心。朋友们，不管我们走在哪里，也不管我们选择了怎样的道路，梦想就在那里，等着我们去寻找和实现它们。既然如此，就让我们怀揣着梦想上路吧，只有不忘初心，我们才有可能创造属于自己的人生辉煌。

保持乐观、积极的心态胜于一切

常有人说：心态决定命运。这话说得一点也不夸张。一个人这辈子能取得多大的成就，最关键的是什么？很多人都只看到了教育、环境、人脉、智慧等因素对人的影响，这确实不错，但如果一个人没有一颗充满正能量的心和一个积极向上的心态，那么，他是很难在人生和事业上有什么建树的。

古语云：“世上无难事，只怕有心人。”不管你做什么，只要你想成功，就必须下定决心，不怕苦、不怕累，坚持下去，而要做到这些，都需要我们有一颗充满正能量的心。只有这样，我们才能在工作中充满热情和活力，才能在遇到困难和挫折时，不轻易放弃，而是积极面对。充满正能量的人在事业和生活中，一定能取得比那些消极的人更好的成绩，也会比他们更容易走向成功。

有个企业老板，周五的时候给另一个公司的总经理发了一封邮件，邀请他到公司来洽谈合作事宜，但是直到周一下班都还没收到回复。老板觉得肯定是中间出什么问题了，便让秘书查一下是什么情况。秘书是一个十分消极的人，尤其是对工作，她一直觉得自己给老板打工十分委屈，一方面是因为觉得老板榨取了自己的剩余价值，另一方面是觉得老板整天清清闲闲的，也没见他做什么，却可以坐豪车、住高档别墅，所以她越想心里越不平衡。时间长了，这种负能量时时在她的工作中散发，所以对于老板这次的吩咐，她也懒得再去调查原因，只是凭着自己的想象向老板回复，“可能是邮箱满了！”最后老板错失了与对方公司洽谈的最佳时机，眼看着已经到手的合同就这样丢了，老板一气之下，辞退了她。

和这位秘书恰好相反，还有一位秘书，她没有名校学历，只是自考本科专业的学生，毕业后到一家外贸公司应聘经理秘书，但是进公司后，人事部给她安排的却是办公室文员的工作，具体的工作内容就是负责收发传真、复印文件。虽然她也觉得有点犹豫和憋屈，但最终还是抱着热情的工作态度积极地投入到新工作中去了，因为她觉得自己只是一个自考的本科生，能进这个公司已经是一个来之不易的机会。正式上岗后，她工作非常认真，只要是老板安排的工作，都会准确而及时地完成，而且从没听她有过什么怨言。有一次，经理拿了一份很着急的合同让她复印，细致惯了的她习惯性地快速看了一遍合同的内容。经理等得不耐烦了，催促她快点，却发现她正指着一处刚发现的错误，要请示经理的意见。经理看了一眼，不看不知道，看完彻底被吓出了一身冷汗，原来是合同在一个重要的工程报价后面多加了一个零。她的这次细心至少为公司挽回了几百万元的损失，很快她就被经理提升为经理秘书。

都是秘书，一个被辞退，一个被提升，是什么原因导致她们完全不同的结局呢？很显然，正是心态的问题。第一个女孩作为秘书，竟然对经理安排的事情置之不理，估计不管是谁当老板，最后都会受不了。第二个女孩则完全相反，不管工作是否是自己想要的，她都能认真、积极地对待，从内心散发出一种乐观、进取的正能量，也正是由于这种发自内心的正能量，她对自己分内的工作很认真，对分外的工作也能注意到细枝末节，帮助公司挽回了一大笔损失，工作也迎来了转机。

每个人身上都带有能量，但正能量却是只有积极、健康、乐观的人才有的。保持乐观、积极的健康心态，凡事多往好处想，多给周围的人带来正能量，而不是一味地陷在痛苦的沼泽里自怨自艾。不仅许多困难和坎坷会迎刃而解，而且你的朋友也会因为你的温暖而更加喜欢你。始终带着正能量，用一颗温暖的心去面对人生的人，他的人生也会一直充满暖意。

人生说短不短，说长也不长,我们在社会中生活，是为了去品尝生活的一场场酸甜苦辣咸，而不是把时间浪费在埋怨、仇恨、无知、贪恋、傲慢、冷漠等负能量上。这些与正能量相对应的负面能量，只会侵蚀我们的生命、消耗我们的精力、占据我们的快乐。

脚踏实地，步步为营地实现人生目标

现实生活中，不乏妄自菲薄的人，他们总是自轻自贱，不把自己看在眼里。当然，并非所有的人都妄自菲薄，还有的人总是好高骛远，把自己看得非常高，因而不是瞧不起这个，就是瞧不起那个，最终导致他们的眼里只有自己。

毫无疑问，缺乏自信是不好的，但是同样的，过于自信，甚至狂妄自大，心比天高，也是不好的。一个人只有脚踏实地，一步一个脚印地把每件事情做好，才能在生活和事业中得到发展，也才能提升和完善自己。

每个人对于未来都怀着美好的期望，遗憾的是生活并不会让我们总是顺心如意。我们因为急功近利，因为急于求成，变得心浮气躁，这样做，自然是距离成功越来越远。因而朋友们，我们一定要避免好高骛远的错误，从而脚踏实地地展开自己的人生之旅。

有的时候，对于成功而言，好高骛远还是一个陷阱。看起来，好高骛远的人对自己充满信心，而且对于人生和未来也充满渴望。但是实际上，他们却因为好高骛远，导致距离人生的目标越来越远。所谓欲速则不达，过于心急，急于求成，反而会使事情朝着相反的方向发展。不得不说，这是绕了弯路，导致人生反而与理想和期望背道而驰。

1871年春，威廉斯勒正在英国蒙特瑞综合医科学校里读书。当时，他对于人生感到非常困惑，他不知道自己如何才能把现实琐碎的生活与伟大高远的理想联系起来。他渴望成功，又觉得自己现在的生活毫无意义，甚至对于学校的学习生活也感到索然无味。为此，他心神涣散，学习成绩越来越差。后来，在老师的推荐下，他开始阅读哲学家卡莱里的哲学著作，想要从中找到人生的答案。

威廉斯勒意志坚定，他从不盲目崇拜大人物，对于很多学生推崇的名人名言，他也不以为然。不过，对于老师推荐的书，他还是很重视的。他看书的时候，突然看到一句话，并且为此怦然心动：“人生之中最重要的是，不要去看远方模糊不清的东西，而要从身边具体的小事做起。”他不由得猛然醒悟，的确，一切伟大的理想都离不开实际的行动，一切浩大的工程都要从一砖一瓦堆砌而起。他心中所有的困惑都消失了，他终于找到了自己寻求已久的答案。他这才知道，那些理想不是明灯高高悬挂在天空中，而要从我们身边最琐碎的小事开始做起。当即，他一改浮躁的心态，开始埋头苦读。他很清楚这就是他眼下最重要的任务，也知道他必须提高学习成绩，才能拥有更好的未来。就这样，他在半个学期里始终刻苦攻读，后来成绩一跃而上，他也随之成为全校最出类拔萃的学生。

两年之后，威廉斯勒毕业了，他的毕业成绩非常优异，在全校名列前茅。毕业后，他成为一名精益求精、爱岗敬业的好医生，后来更是亲手创办了约翰·霍普金斯学院。在他的经营和管理之下，他的学院很快在英国变得很有名气，甚至举世闻名。

细心的人会发现，大多数成功者能够成功，并非因为他们的理想和志向多么高远，而是因为他们始终坚持求真务实的精神，脚踏实地、力所能及地做好人生中的每一件事情。所谓滴水穿石，他们正因为坚持努力和付出，所以才步步为营地奔向人生理想，实现人生目标。在成功者的字典里，从未有三心二意，更没有犹豫不决。

毋庸置疑，一个人必须有理想、有梦想，这样人生才会拥有方向。但是，实现理想和梦想的过程并不简单，任何人要想获得成功，就必须脚踏实地地从点滴小事做起，绝不好高骛远。生活在现代化的大都市，我们常常看着那些高耸入云的高楼大厦，心中激动不已。殊不知，万丈高楼平地起。即便这些大厦非常雄伟壮观，也是从一砖一瓦开始建立起来的。人生的理想也是如此，我们必须切实去做，才算是迈出了通往成功的第一步。否则，假如我们总是好高骛远，我们的理想和梦想就会成为空想，成为空中楼阁，永远也没有机会得以实现。

嫉妒对你无益，反而让你面目可憎

对成功的人，大多数人怀着一种天生的敌意，无论这个人是否与你有着直接的利益冲突。当然直接的利益冲突会形成更直接、更明显的导火索，让你们彼此敌对。这是人性的缺陷，每个人都不能免俗，那些真诚对胜利者表示恭贺的人，不是他们天生大度，而是他们努力克制人类缺陷，是理智的结果。这就像得病，每个人都会被病毒侵害，但有些人免疫力好，又坚持锻炼，所以不易发作而已。

但是也要明白，嫉妒这种情绪对于进步没有任何帮助，反而让你变得更加面目可憎。与其无谓地嫉妒别人，倒不如相信自己，相信自己能够克服这种不良情绪，相信自己能够凭着自己的努力取得进步，相信自己一定能够比别人做得更好。

我觉得嫉妒心比较强的人，多少有一点自卑，因为觉得别人胜过自己，而自己又没有能力胜过别人，心里肯定不舒服。而比较自信的人，嫉妒心则要弱很多，因为他们肯定自己也能够像别人一样优秀，只不过这次疏忽了，所以他们用不着嫉妒别人，他们肯定下次自己会更谨慎，表现得比这次更好，他们取得的成就也会比别人更瞩目，有这样的自觉，为什么要嫉妒一时得到荣誉的别人呢?

做好自己比和别人比较更有意义，理智成熟的年轻人不会轻易嫉妒别人，因为他们知道自己需要什么，自己正在做什么，自己最终能够得到什么。这样也就对别人得到的东西淡然了，这就像你本来想要一个苹果，你会嫉妒那个得到梨子的人吗?有些人则会，他们想要名，想要利，想要大家羡慕的眼光，而不知道自己真正需要的是什么。于是他们总是在和别人的追逐当中，当大家追捧明星的时候，他们认为“红极一时”就是最大的时尚；当大家崇拜那些商业巨鳄的时候，他们又认为“功成名就”才是最终的目标。我不知道这样的追逐能够带来什么，但肯定不能给生命带来充实的感觉。

有些人，当别人站在光环下的时候，他们就有一种嫉妒情绪悄悄滋长。这样的情绪最终会让他们痛不欲生。其实每个人都有站在光环下的时候，你也有被人嫉妒的一刻，只要你付出足够的努力，把你所有的精力都放在充实自己上，而不是和别人比来比去。

比赢了，你的内心不过舒服一点、平衡一点，你并没有真正获得什么好处；比输了，虽然你没有真正丢失什么，可是你的心态就不平衡了，这就为你的下一步埋下了必输的陷阱。要知道赛跑当中，跑得最快的绝不是那些左顾右盼，不让别人追上自己，而又拼命赶超别人的人，而是那些只顾低头以最快的速度跑自己的路的人。

相信自己就是让大家学着把精力放在超越自我、努力进取上，而不要把精力放在嫉妒别人上。嫉妒心理会极大地扭曲一个人的身心，影响学习和工作。嫉妒心直接影响一个人的情绪，让人们的学习和工作效率大大降低。想一想，怀着愤怒、怨恨、羡慕而憎恶、屈辱与伤心等复杂的感情，怎么可能安下心来对待学习和工作？这种感性的情绪，会毁灭一个人的理智，让一个人心烦意乱不能专心，一个人还怎样取得进步？甚至，你会想一些办法，让对方也不能如意。把精力都放在了钩心斗角上，一个人怎能进步？

再者，善妒的人还可能结交不到知心朋友。嫉妒心强的人往往事事好胜，常想方设法阻止别人的发展，总想压倒别人，对于比自己强的人喜欢挑剔、造谣、诬陷等。这会让同事、朋友想躲开你，不愿与你交往，给自己造成一个不良的人际关系氛围，使你感到孤独、寂寞。这种氛围会让你的事业和生活都陷入一种阴暗的境地，让你的人生更偏离光明与快乐。

30岁之前，人们的心理往往是不成熟的，所以，更要培养自己正面的情绪和积极的心理，才能离成功越来越近。与其嫉妒那些优秀的人，不如用自己的努力和积极让自己变得更加优秀。不要让负面情绪和比较来比较去的事情消耗了你的精力，只要相信自己努力下去一定会是最优秀的人，你就会越来越成熟、越来越优秀。因为每一个人都在不断成长当中，这是最值得骄傲的事。

参考文献

[1]林清玄.放下过后更澄明[M].北京：北京联合出版公司，2016.

[2]慧玥.不念过去，活出全新的自己[M].深圳：海天出版社，2015.

[3]芭芭拉·安吉丽思.活在当下[M].黎雅丽，译.北京：文化发展出版社，2018.

[4]张一弛.活在当下：停下来看看这个世界[M].北京：中国商业出版社，2016.